电力营销
计量精益化监督管控
培训教材

国网浙江省电力有限公司湖州供电公司　组编

内 容 提 要

本书共 6 个章节。第一章介绍计量资产全寿命周期管理的相关管控指标要求及常见案例；第二章介绍营销业务管理平台的建设背景、应用情况及相应考核指标；第三章介绍用电信息采集系统建设运维管理相应指标解释及考核要求；第四章介绍计量装置规范性现场检查的规范要求及常见问题；第五章介绍电能计量装置现场校验抽检管控的相关指标内容及管控方式、要求；第六章介绍计量精益化监督管控方案，针对各个管控指标给出解释，并对计量精益化监督管控体系、实施方案进行深入解读。

本书可作为电力营销计量人员进行精益化工作的指导书，也可供电力营销工作人员学习参考。

图书在版编目（CIP）数据

电力营销计量精益化监督管控培训教材 / 国网浙江省电力有限公司湖州供电公司组编. —北京：中国电力出版社，2020.6

ISBN 978-7-5198-4547-6

Ⅰ. ①电… Ⅱ. ①国… Ⅲ. ①电能计量–技术培训–教材 Ⅳ. ①TB971

中国版本图书馆 CIP 数据核字（2020）第 062053 号

出版发行：中国电力出版社
地　　址：北京市东城区北京站西街 19 号（邮政编码 100005）
网　　址：http://www.cepp.sgcc.com.cn
责任编辑：穆智勇
责任校对：黄　蓓　马　宁
装帧设计：张俊霞
责任印制：石　雷

印　　刷：三河市万龙印装有限公司
版　　次：2020 年 6 月第一版
印　　次：2020 年 6 月北京第一次印刷
开　　本：710 毫米×1000 毫米　16 开本
印　　张：8.25
字　　数：118 千字
印　　数：0001—1500 册
定　　价：45.00 元

版 权 专 有　侵 权 必 究

本书如有印装质量问题，我社营销中心负责退换

编委会

主　　编　董哲峰

副 主 编　卢　峰　张　辉

编　　委　徐淦荣　费晓明　刘海峰

编写组

组　　长　薛　钦

副 组 长　侯加庆

编写人员　李越玮　柏菊红　翁培华　钱振华

金丽娟　沈煜宾　严娴峥　陈　瑜

严　茜　王　春　郑松松　倪志泉

沈勤卫　李　寅　徐　俊　钟玲玲

沈晓斌　胡佳华　陶辛培　邢　翼

葛晓蕾　杨　扬　吴　超

前　言

根据《国家电网公司关于2018年计量工作的意见》(国家电网营销〔2018〕104号)，强化电能计量基础数据和关键业务管控，提升电能计量采集运维闭环精益化管理水平，是实行电能计量管理的关键环节。国网浙江省电力有限公司2019年下发的电能计量精益化管控量化评价体系，提升了电能计量监督管控的要求，加大了电能计量资产全寿命周期和用电信息采集系统建设运维管理的难度。由于电能计量指标在电力营销同业对标体系中占比较大，数量较多，涉及面广且查询路径多样，同时拆回电能表分拣、二三级表库实用化率等新业务的上线还未完全普及，缺乏全面的计量监督管控指导，给日常的管控工作带来挑战。

为进一步提升对电能计量资产全寿命周期和用电信息采集系统建设运维的管控能力，激励各单位持续改进工作质量，实现精益化管控目标，国网湖州供电公司组织编写了这本《电力营销计量精益化监督管控培训教材》。本书通过对电能计量精益化管控评价体系的梳理和分析，建立了一套标准化的作业流程、可视化的图文指引和高效的学习指南，帮助从事电能计量业务的人员明确管控目标、工作要求及努力方向，制订切实可行的管控方法、操作规范和关键要点，实现工作规范化、人员技能专业化、培训学习高效化，进而促进相关人才队伍综合能力以及专业技术水平的全面提升。

本书在编写过程中得到了国网湖州供电公司有关部门的大力支持，在此表示感谢。由于编写时间仓促，书中难免疏漏之处，恳请各位专家和读者提出宝贵意见。

编　者

2020年5月

目　　录

第一章　计量资产全寿命周期管理

计量资产全寿命周期管理是对计量资产全寿命各环节状态分析管理、质量分析管理、寿命预测及评价管理、计量资产表龄、库龄统计分析管理，提高计量资产精益化管理水平，促进营销计量业务管理模式的创新，为计量生产经营和运行提供有力支撑。本章主要介绍配送入库及时性等 28 项计量资产全寿命周期管理指标。

第一节　配送入库及时性

一、指标解释

配送入库及时性指标指省级表库配送出库时间到地市/县区级表库配送入库时间超过 5 个工作日的流程数。

二、指标管控要点（病症点）及常规查询方式

考核的配送流程仅指省级（一级）表库配送至地市/县区级二级表库的配送流程时限，即地市/县区级二级表库需在 5 个工作日内入库并结束发送流程。

（一）查询方式

（1）营销系统自定义查询 JLGK07，见图 1－1。

常用查询执行　我的常用查询

自定义查询分类

计量精益化管控量化评价(1)

JLGK07预警配送入库及时性-配送出库时间到配送入库

图 1－1　营销系统自定义查询 JLGK07

（2）点击精益化管控平台预警防控中的“未在 2 个工作日内入库”查询管控流程时限，见图 1－2。

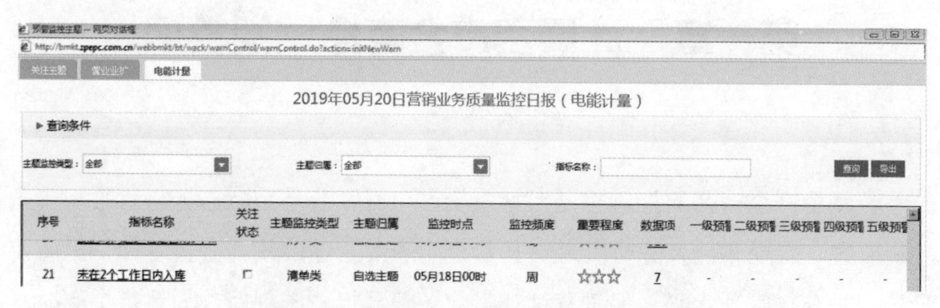

图 1－2 “未在 2 个工作日内入库”查询

（二）考核管控对象

地市/县区级二级表库。

（三）指标可能差错的情况及原因

（1）配送到货后，营销系统内未及时确认入库并发送流程，导致超时。

（2）确认到货，并将设备入库后，因操作失误，未点击流程发送按钮，导致流程未在时限内结束而超期。

三、查询管控及典型案例

如图 1－3 所示，在“进程查询”中可以发现，该配送流程 5 月 5 日流转至“配送入库”环节，而完成时间为 5 月 18 日，已超过 5 个工作日的考核标准。而通过图 1－4 的出入库查询，查询设备出入库信息可以发现，该流程表计于 5 月 5 日已入库。分析可发现，产生该流程超期的原因为表库人员流程中点击设备入库后，而流程未点击发送按钮，从而导致流程未结束。

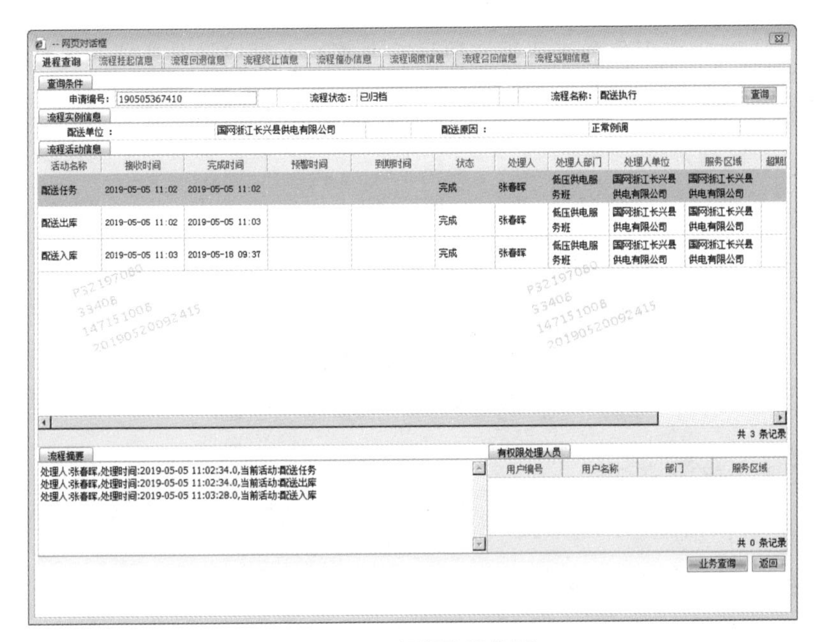

图 1-3　超期流程截图

图 1-4　超期流程出入库查询截图

第二节　临时计划申报

一、指标解释

临时计划申报指标指地市公司上报的智能电能表、低压电流互感器、采集终端（不含配变终端和电能量采集终端）临时需求计划（配送申请），每月只允许上报一条临时配送申请，多于一条的每增加一条，增加一次扣分。剔除光伏用表临时计划。

二、指标管控要点（病症点）及常规查询方式

正常配送需求计划为当月申报下月的配送需求，按照实际工作安排编制需

求数量。临时计划仅作为当月配送数量的调整，上报的临时计划不得超过月度计划规模的 50%。

（一）查询方式

营销系统自定义查询 JLGK27，见图 1－5。

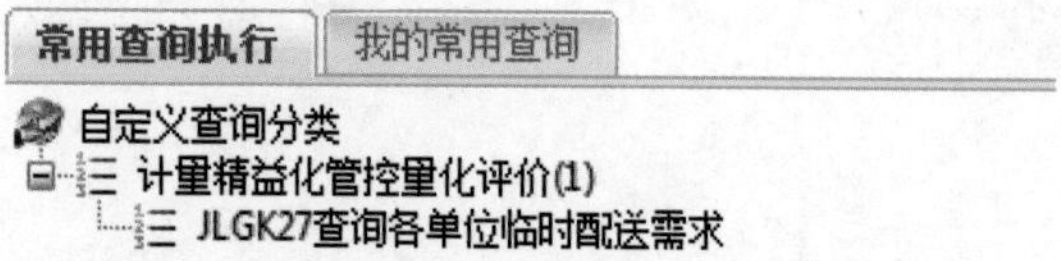

常用查询执行　我的常用查询
自定义查询分类
计量精益化管控量化评价(1)
JLGK27查询各单位临时配送需求

图 1－5　营销系统自定义查询 JLGK27

（二）考核管控对象

地市/县区级配送计划上报单位。

（三）指标可能差错的情况及原因

（1）每月只允许上报一条临时配送申请，上报的临时计划不得超过月度计划规模的 50%，超过条数要求或超过数量要求。

（2）由于当月正常配送需求计划较小，导致遇临时情况需申请临时计划时可申请的表计数量很少，极易超过 50%的要求。建议每月正常配送需求计划数量不宜过小。

三、查询管控及典型案例

图 1－6 所示为 6 月底由于业务新增，临时申报需求，导致本月出现 2 条负控设备临时需求计划，该月申请临时计划数量超过 1 条。

1	JLGK27查询各单位临时配送需求							
2	流程号	申请日期	申请人	申请年月	申请单位	设备类型	数量	备注
3	190506506962	2019-05-06 15:36:52	P32190547	201905	33408	负控设备	4	
4	190506514440	2019-05-06 16:11:06	P32190547	201905	33408	负控设备	42	
5	190521758929	2019-05-21 08:44:11	P32190867	201906	33408	封印		
6	190521758929	2019-05-21 08:44:11	P32190867	201906	33408	封印		
7	190521758929	2019-05-21 08:44:11	P32190867	201906	33408	封印		
8	190610592158	2019-06-10 09:54:57	P32190547	201906	33408	负控设备	100	
9	190627089116	2019-06-27 10:18:42	P32190547	201906	33408	负控设备	63	
10	190926473830	2019-09-26 09:28:43	P32190547	201909	33408	负控设备	300	
11	191015562302	2019-10-15 16:09:55	P32190547	201910	33408	手持终端	325	
12	191219337719	2019-12-19 16:16:40	P32190547	201912	33408	负控设备	11	
13	200102629498	2020-01-02 16:31:58	P32190547	202001	33408	负控设备	200	
14	200319551576	2020-03-19 15:46:20	P32190547	202003	33408	负控设备	337	

图 1－6　本月申请临时计划数量超过 1 条案例

第三节　库存运行比

一、指标解释计算

（1）电能表库存运行比定义为：月累计合格非用户资产电能表在库数量/月累计运行数量×100%。

（2）互感器库存运行比定义为：月累计合格非用户资产低压电流互感器在库数量/月累计运行数量×100%。

电能表库存运行比应小于等于3%，且互感器库存运行比应小于等于10%。

二、指标管控要点（病症点）及常规查询方式

该指标主要针对管理表库库房的库存数量，降低库存数，提升表计使用流转等。

（一）查询方式

营销系统自定义查询JLGK04，见图1－7。

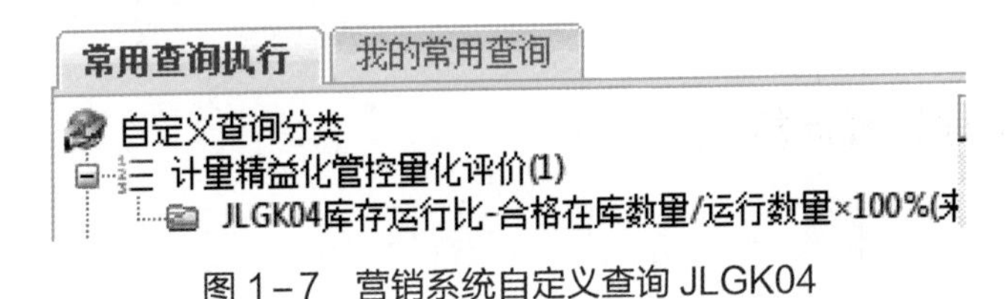

图1－7　营销系统自定义查询JLGK04

（二）考核管控对象

地市/县区级二、三级表库。

（三）指标可能差错的情况及原因

（1）未按照计划开展安装、轮换等工作，或上报的配送需求计划数量远大于实际工作安排安装的表计数量，导致当月按需求配送的表计无法使用完，增加库存数量。

（2）由于当月大面积开展批量轮换、新装等工作，使本月配送到表数量猛

增，而由于实际安装需要一定时间，导致该时段内库存运行比指标超过阈值。

三、查询管控及典型案例

图 1－8 所示为由于 2019 年度表计大批量轮换，省计量中心按照需求配送至二级表库后，表计无法立即轮换安装完毕，需逐步开展轮换，导致短期内库存运行比指标持续高位。

1	JLGK04库存运行比-合格在库数量/运行数量×100%(来源于08409)						
2	设备类别	统计年月	单位	当天库存数量	当天运行数量	当天库存与运行占比	截止当天平均占比
3	互感器	2019-03-01 00:00:00	浙江湖州电力客户服务中心	2358	87315	2.7006%	2.7%
4	互感器	2019-03-01 00:00:00	国网浙江德清县供电有限公司	754	31536	2.3909%	2.39%
5	互感器	2019-03-01 00:00:00	国网浙江安吉县供电有限公司	2063	31388	6.5726%	6.57%
6	互感器	2019-03-01 00:00:00	国网浙江长兴县供电有限公司	1888	37836	4.99%	4.99%
7	电能表	2019-03-01 00:00:00	国网浙江省电力有限公司湖州供电公司	61726	1573568	3.9227%	3.92%
8	电能表	2019-03-01 00:00:00	浙江湖州电力客户服务中心	31341	697242	4.495%	4.5%
9	电能表	2019-03-01 00:00:00	国网浙江德清县供电有限公司	8878	273422	3.247%	3.25%
10	电能表	2019-03-01 00:00:00	国网浙江安吉县供电有限公司	8570	264462	3.2405%	3.24%
11	电能表	2019-03-01 00:00:00	国网浙江长兴县供电有限公司	12937	338442	3.8225%	3.82%

图 1－8　表计无法立即轮换安装完毕案例

第四节　库 存 超 期 量

一、指标解释计算

库存超期量指状态为合格在库、预配待领、领出待装、预领待装且最近一次检定时间与功能检查时间较晚者超过 180 天的电能表数量。

二、指标管控要点（病症点）及常规查询方式

该指标主要针对二、三级表库内状态为合格在库、预配待领、领出待装、预领待装的电能表，按照管理规定库存表计每 6 个月需进行一次库存复检。

（一）查询方式

营销系统自定义查询 JLGK05，见图 1－9。

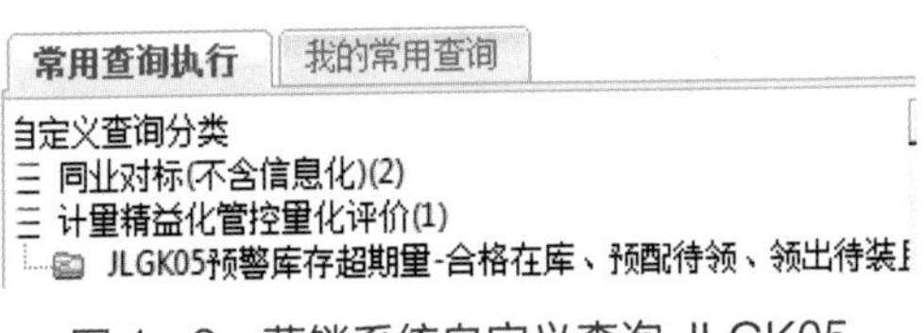

图 1–9　营销系统自定义查询 JLGK05

（二）考核管控对象

地市/县区级二、三级表库。

（三）指标可能差错的情况及原因

二、三级智能表库建设后，采用智能表库设备大大减少了库存超期表计的数量，但由于部分小品规表计使用量较少而又必须备表，以避免新装、故障无表可换，所以导致该类表计长时间在库，库存复检次数多，甚至最终成为闲置表计。

三、查询管控及典型案例

图 1–10 为营销自定义 JLGK05 查询导出的表格，表格中数据为合格在库、预配待领、领出待装且距离上次检定时间大于 5 个月的表计。需注意的是：

（1）除合格在库状态外，预领待装、领出待装状态也在库存超期考核范围内，直到表计状态改变，如“待检验”“运行”等。

（2）表格中超期天数为“30”时，说明该表计已超期，库存时间为 180 天。

JLGK05预警库存超期量-合格在库、预配待领、领出待装且上次检定时间大于5个月（150天）的表计（来源于08443）

单位代	管理单位	库房	库区	条形码	资产编号	电能表类型	当前状	上次检定日期	接线方	超期日期	超期天
33408	国网浙江省电力有限公司湖州供电公司	湖州供电公司双林供电所（善琏）三级智能周转柜	电能表库区	3330001000100156428300	00010015642830	电子式-多功能单方向远程费控智能电能表(工商业26)无功：四象限独立计量	合格在库	2018-12-08 15:32:58	三相四线	2019-05-07 15:32:58	12
33408	国网浙江省电力有限公司湖州供电公司	湖州供电公司双林供电所（善琏）三级智能周转柜	电能表库区	3330001000100156446502	00010015644650	电子式-多功能单方向远程费控智能电能表(工商业25)无功：四象限独立计量	合格在库	2018-12-08 15:32:58	三相四线	2019-05-07 15:32:58	12
33408	国网浙江省电力有限公司湖州供电公司			3330001000100156436404	00010015643640	电子式-多功能单方向远程费控智能电能表(工商业25)无功：四象限独立计量	预领待装	2018-12-08 15:32:58	三相四线	2019-05-07 15:32:58	12
33408	国网浙江省电力有限公司湖州供电公司	湖州供电公司双林供电所（善琏）三级智能周转柜	电能表库区	3330001000100198176498	00010019817649	电子式-复费率双方向远程费控智能电能表(发/需)	合格在库	2018-12-05 14:06:16	单相	2019-05-04 14:06:16	15
33408	国网浙江省电力有限公司湖州供电公司	湖州供电公司双林供电所（善琏）三级智能周转柜	电能表库区	3330001000100198176467	00010019817646	电子式-复费率双方向远程费控智能电能表(发/需)	合格在库	2018-12-05 14:06:16	单相	2019-05-04 14:06:16	15
33408	国网浙江省电力有限公司湖州供电公司	湖州供电公司双林供电所（善琏）三级智能周转柜	电能表库区	3330001000100198176474	00010019817647	电子式-复费率双方向远程费控智能电能表(发/需)	合格在库	2018-12-05 14:06:16	单相	2019-05-04 14:06:16	15
33408	国网浙江省电力有限公司湖州供电公司	湖州供电公司双林供电所（善琏）三级智能周转柜	电能表库区	3330001000100198107348	00010019810734	电子式-复费率双方向远程费控智能电能表(发/需)	合格在库	2018-12-05 14:06:16	单相	2019-05-04 14:06:16	15
33408	国网浙江省电力有限公司湖州供电公司	湖州供电公司双林供电所（善琏）三级智能周转柜	电能表库区	3330001000100198132371	00010019813237	电子式-复费率双方向远程费控智能电能表(发/需)	合格在库	2018-12-05 14:06:16	单相	2019-05-04 14:06:16	15

图 1–10　营销自定义 JLGK05 查询导出表格

第五节 表计闲置数量

一、指标解释计算

表计闲置数量指市县单位建档或配送入库超过 18 个月且无安装日期的表计数量。

二、指标管控要点（病症点）及常规查询方式

该指标主要针对长时间不使用、安装的表计的监督管理，提高计量资产的使用。

（一）查询方式

营销系统自定义查询 JLGK06，见图 1－11。

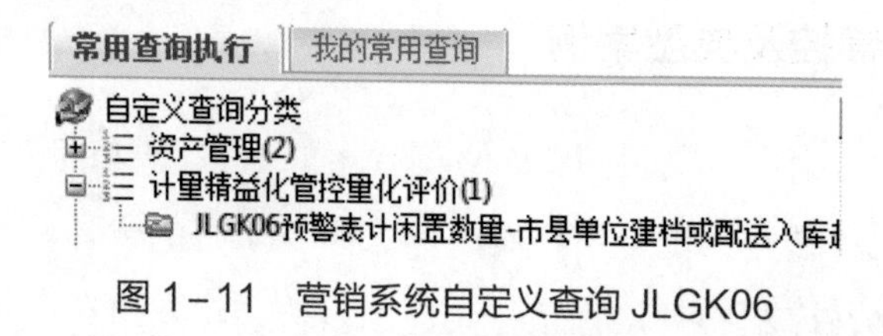

图 1－11　营销系统自定义查询 JLGK06

（二）考核管控对象

地市/县区级二、三级表库。

（三）指标可能差错的情况及原因

部分小品规表计使用量较少且必须备表，以避免新装、故障无表可换，使得该类表计长时间在库，库存复检次数多，最终成为闲置表计。

三、查询管控及典型案例

图 1－12 为营销系统自定义查询 JLGK06 导出的表格，即“市县单位建档或配送入库超过 17 个月且无安装日期”的表计数量。需注意的是：

（1）起算时间。市县单位建档或配送入库，现表计均为统一招标，由省计

量中心统一建档，故一般表计的考核起算时间为一级表库配送至地市二级表库入库后起算。

（2）考核表计为“无安装日起的表计”，表计的状态包括合格在库、待分流、待校验等，直到表计安装，流程归档后，不再计入考核范围内。

（3）表格中导出的表计数据为闲置超过 17 个月，当表格中超期天数为“30”时，说明该表计已超期，闲置时间为 18 个月。

JLGK06预警表计闲置数量-市县单位建档或配送入库超过17个月且无安装日期的表计数量（每周一凌晨更新）

超期天数	超期日期	表计局号	单位	库房名称	建档/配送入库日期	产权单位	接线	电流规格	表计类型	闲置类型	当前状态	条形码
1	2019-03-16	00010011181965	国网浙江德清县供电有限公司	德清供电公司计量班二级人工表库	2017-10-16 16:58:12	国网浙江德清县供电有限公司	单相	5(60)A	电子式-复费率远程费控智能电能表(居民用)	配送入库超过17个月且无安装日期	待分流	3330001000100111819656
1	2019-03-16	00010011191584	国网浙江德清县供电有限公司	德清供电公司计量班二级人工表库	2017-10-16 16:58:12	国网浙江德清县供电有限公司	单相	5(60)A	电子式-复费率远程费控智能电能表(居民用)	配送入库超过17个月且无安装日期	待校验	3330001000100111915846
17	2019-02-26	00010008242612	国网浙江省电力有限公司湖州供电公司	湖州供电公司资产班二级人工表库	2017-09-26 15:11:14	国网浙江省电力有限公司湖州供电公司	三相四线	5(60)A	电子式-复费率远程费控智能电能表(工业用)	配送入库超过17个月且无安装日期	合格在库	3330001000100082426121
17	2019-02-26	00010008243694	国网浙江省电力有限公司湖州供电公司	湖州供电公司资产班二级人工表库	2017-09-26 15:11:14	国网浙江省电力有限公司湖州供电公司	三相四线	5(60)A	电子式-复费率远程费控智能电能表(工业用)	配送入库超过17个月且无安装日期	合格在库	3330001000100082436943
17	2019-02-26	00010008243778	国网浙江省电力有限公司湖州供电公司	湖州供电公司资产班二级人工表库	2017-09-26 15:11:14	国网浙江省电力有限公司湖州供电公司	三相四线	5(60)A	电子式-复费率远程费控智能电能表(工业用)	配送入库超过17个月且无安装日期	合格在库	3330001000100082437780
17	2019-02-26	00010008338326	国网浙江省电力有限公司湖州供电公司	湖州供电公司资产班二级人工表库	2017-09-26 15:11:14	国网浙江省电力有限公司湖州供电公司	三相四线	5(60)A	电子式-复费率远程费控智能电能表(工业用)	配送入库超过17个月且无安装日期	合格在库	3330001000100083383260
17	2019-02-26	00010008338376	国网浙江省电力有限公司湖州供电公司	湖州供电公司资产班二级人工表库	2017-09-26 15:11:14	国网浙江省电力有限公司湖州供电公司	三相四线	5(60)A	电子式-复费率远程费控智能电能表(工业用)	配送入库超过17个月且无安装日期	合格在库	3330001000100083383769
17	2019-02-26	00010008338379	国网浙江省电力有限公司湖州供电公司	湖州供电公司城西供电所三级人工表库	2017-09-26 15:11:14	国网浙江省电力有限公司湖州供电公司	三相四线	5(60)A	电子式-复费率双方向远程费控智能电能表(发/工)	配送入库超过17个月且无安装日期	合格在库	3330001000100083383796

图 1－12 营销系统自定义查询 JLGK06 导出表格

第六节 二、三级智能表库覆盖率

一、指标解释计算

智能表库覆盖率定义为：已覆盖单位数/应覆盖单位数（市县本级、供电所、分中心）。

二、指标管控要点（病症点）及常规查询方式

二、三级智能表库覆盖率统计范围为市、县公司本级，供电所，供电服务分中心。该指标主要针对二、三级表库建设、覆盖情况进行管控之用。

（一）查询方式

营销系统自定义查询 08599，详细情况可查询营销系统自定义查询 08600，如图 1－13 所示。

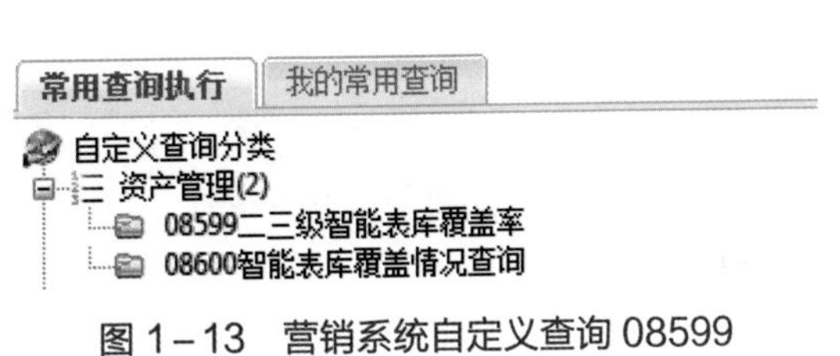

图 1－13 营销系统自定义查询 08599

（二）考核管控对象

地市/县区级二、三级表库。

（三）指标可能差错的情况及原因

二、三级智能表库建设完毕后，需与营销系统接口连接且系统内建立智能库的库房库区后，方算覆盖。

三、查询管控及典型案例

由图1－14可知，智能表库覆盖率＝已覆盖单位数/应覆盖单位数（市县本级、供电所、分中心）。

08599二三级智能表库覆盖率				
单位代	单位名称	已覆盖单位数	应覆盖单位数（市县本级、供电所、分中心）	智能表库覆盖率
3340801	浙江湖州电力客户服务中心	10	10	100%
3340810	国网浙江德清县供电有限公司	5	5	100%
3340820	国网浙江安吉县供电有限公司	9	9	100%
3340830	国网浙江长兴县供电有限公司	9	9	100%

图1－14　智能表库覆盖率示例

第七节　二、三级表库实用化率

一、指标解释计算

二、三级表库实用化率定义为：批量配表业务规范率×0.5＋其他配表业务规范率×0.5。其中：

（1）批量配表业务规范率＝符合批量配表条件且从二级库出库的流程/批量配表流程总数。

（2）其他配表业务规范率＝其他配表中自动配表只数/其他配表总只数。

（3）指标按月度统计，指标统计对象为电能表、低压电流互感器，不包括采集终端、低压计量箱等其他资产。

二、指标管控要点（病症点）及常规查询方式

自动配表指通过智能表库配表出库（含通过智能表库预领资产用于特定流程定向配表的情形）和通过人工表库在营销系统内自动配表领用两种情况，除此之外的人工扫码、输码配表等形式均不属于自动配表。

批量配表业务主要指符合批量配表条件的低压批量新装和周期检定（轮换）两类流程。

批量配表业务需同时满足自动配表和二级库出库两个条件。

智能表库的适用对象包括各类电能表、低压电流互感器、采集终端等以标准纸质周转箱作为存储介质的设备；指标统计对象暂为电能表、低压电流互感器两大类。

（一）查询方式

营销系统自定义查询 08593，见图 1－15。

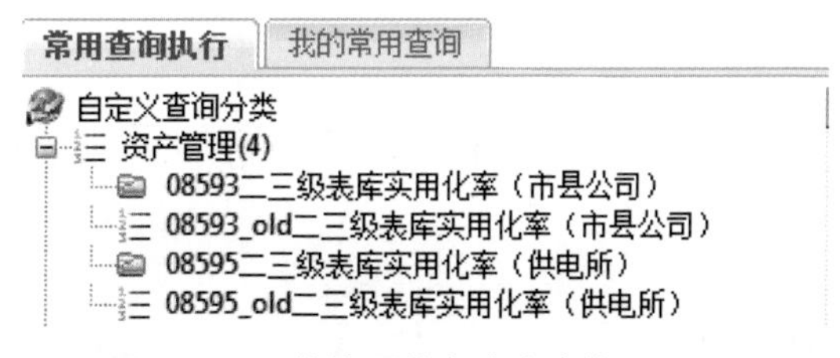

图 1－15　营销系统自定义查询 08593

（二）考核管控对象

地市/县区级二、三级表库。

（三）指标可能差错的情况及原因

（1）对于非自动配表，三级表库通过人工扫码、输码等方式配表，应通过智能设备进行配表，如智能周转柜等。

（2）为保证批量配表业务规范性，必须从二级表库自动化表库中配表，如智能箱表库、智能托盘库等。

三、查询管控及典型案例

图 1－16 为营销系统自定义查询 08593 导出的表格，即“二、三级表库实用化率”。表中国网浙江德清县供电公司智能表库实用化率为 98.94%，其中其他配表规范率为 99.12%，批量配表规范率 98.75%。

08593二三级表库实用化率（市县公司）														
统计年月	管理单位代码	统计日期	管理单位名称	覆盖表库需批量配表流程数	覆盖表库批量配表规范数	未覆盖表库需批量配表流程数	未覆盖表库批量配表规范数	批量配表规范率	覆盖其他配表总只数	覆盖表库其他配表规范数	未覆盖其他配表总只数	未覆盖表库其他配表规范数	其他配表规范率	智能表库实用化率
201905	33408	2019-05-20	国网浙江省电力有限公司湖州供电公司	571	569	0	0	99.65	8588	8581	0	0	99.92	99.79
201905	3340801	2019-05-20	浙江湖州电力客户服务中心	240	240	0	0	100	2172	2172	0	0	100	100
201905	3340810	2019-05-20	国网浙江德清县供电有限公司	160	158	0	0	98.75	684	678	0	0	99.12	98.94
201905	3340820	2019-05-20	国网浙江安吉县供电有限公司	37	37	0	0	100	3370	3370	0	0	100	100
201905	3340830	2019-05-20	国网浙江长兴县供电有限公司	134	134	0	0	100	2362	2361	0	0	99.98	99.98
201905	3340890	2019-05-20	长广配售电公司	0	0	0	0	-	0	0	0	0	-	-

图 1－16 营销系统自定义查询 08593 导出的表格

可以看出：

（1）其他配表规范率＝覆盖表库其他配表规范数/覆盖其他配表总只数。（注意：统计单位为配表的只数）

（2）批量配表规范率＝覆盖表库批量配表规范数/覆盖表库需批量配表流程数。（注意：统计单位为配表的流程数）

第八节 库房管理规范性视频巡视监控

一、指标解释计算

库房管理规范性视频巡视监控指标用于判断库房的分区存放情况、防尘防潮措施、叠放高度及整洁情况是否符合要求。

二、指标管控要点（病症点）及常规查询方式

（1）计量资产分区摆放，摆放区域划分清楚，摆放整齐，不随意堆放，保证工作区域整洁。

（2）省公司统一配送表计的表箱摆放高度不应超过 8 层。

（一）查询方式

在视频监控统一平台进行人工实时查询，如图 1－17 所示，由监控视频查看库房管理是否规范。

图 1－17　视频监控统一平台

（二）考核管控对象

地市/县区级二、三级表库。

（三）指标可能差错的情况及原因

由于省公司配送到货后，表计无法立即存入自动化表库，需要一个逐步放入的时间；或由于库存量过大，自动表库爆仓导致表计只能暂放人工库，而由于人工库场地较小，为增加储放量而增加表计表箱堆放高度（纸箱不得超过 8 层），因此出现堆放高度超高的现象；还有旧表拆回随意堆放，未按区域摆放，摆放混乱等。

三、查询管控及典型案例

从图 1－18 监控案例中可以看出，该表库区域划分不清晰，且部分表计表箱堆放高度已超过 8 层。

图 1-18 监控案例

第九节 表计领出未装

一、指标解释计算

表计领出未装指领出待装超过 10 天没有运行或退库的电能表数。

二、指标管控要点（病症点）及常规查询方式

要求表计领出后必须在 10 天内安装完毕，如遇因客户原因无法及时安装的，应在 10 天内将表计退库。

（一）查询方式

营销系统自定义查询 JLGK09（见图 1-19）或自定义查询 08422（见图 1-20）。

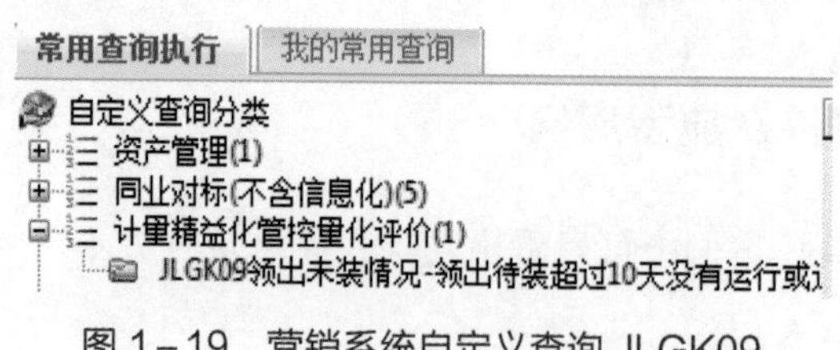

图 1-19 营销系统自定义查询 JLGK09

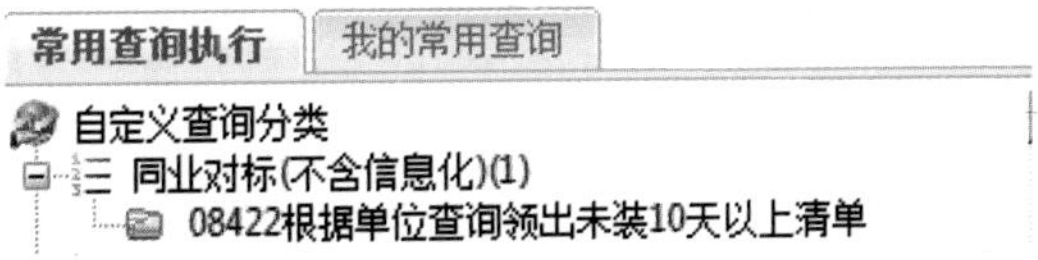

常用查询执行
我的常用查询
自定义查询分类
同业对标(不含信息化)(1)
08422根据单位查询领出未装10天以上清单

图 1-20　营销系统自定义查询 08422

（二）考核管控对象

地市/县区级装接班组。

（三）指标可能差错的情况及原因

由于遇门闭户等无法及时安装的情况，且退库不及时，退库后未进行退库操作，导致最终指标超时。

三、查询管控及典型案例

由于营销系统自定义查询JLGK09或自定义查询08422查询出的数据为“领出未装 10 天以上”的，查询到已超期，不便于日常的管控工作及预警，故在日常的管控中可以采用自定义查询“08439 根据单位天数查询领出未装用户清单”进行指标的监控及预警，如图 1-21 所示。

常用查询执行
我的常用查询
自定义查询分类
同业对标(不含信息化)(1)
08439根据单位天数查询领出未装用户清单（结果为

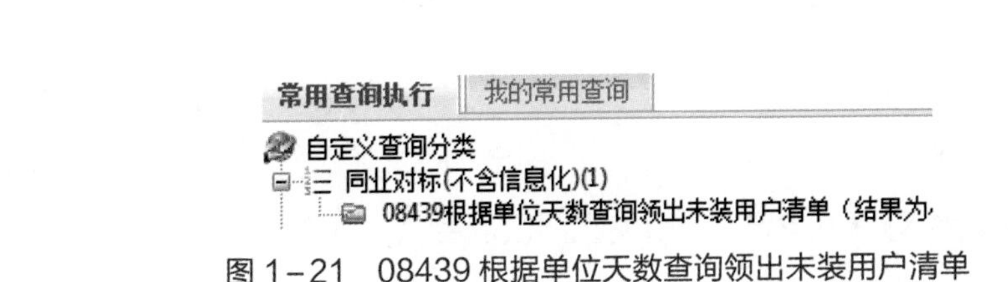

图 1-21　08439 根据单位天数查询领出未装用户清单

由图 1-22 可以发现导出数据包括流程名称、领出日期、出库库房、领出天数等信息。需注意的是：

（1）考核起止时间：起算时间为领表日期；截止时间为安装信息录入完毕后。

（2）当表格中领出天数为 10 时，该表计就已超期。

08439根据单位天数查询领出未装用户清单（结果为小于该天数）

查询日	申请编号	流程名称	当前环节	供电单位	领出部	领出人	领出日	资产编号	条形码	出库库房	领出天
2019-05-24	190506484140	装表临时用电	合同签订	湖州吴兴服务区			2019-05-23	00010015648281	3330001000100156482814	湖州供电公司客户服务中心装接一班三级智能周转柜	1
2019-05-24	190506484140	装表临时用电	竣工验收	湖州吴兴服务区			2019-05-23	00010015648281	3330001000100156482814	湖州供电公司客户服务中心装接一班三级智能周转柜	1
2019-05-24	190506484140	装表临时用电	配表	湖州吴兴服务区			2019-05-23	00010015648281	3330001000100156482814	湖州供电公司客户服务中心装接一班三级智能周转柜	1
2019-05-24	190507617908	监督抽检更换	领表	和孚供电服务区			2019-05-22	00010010805594	3330001000100108055943	湖州供电公司和孚供电所三级智能周转柜	2
2019-05-24	190507617729	监督抽检更换	领表	和孚供电服务区			2019-05-22	00010010805383	3330001000100108053833	湖州供电公司和孚供电所三级智能周转柜	2
2019-05-24	190507629307	监督抽检更换	安装信息录入	菱湖供电服务区			2019-05-24	00010012017151	3330001000100120171515	湖州供电公司菱湖供电所三级智能周转柜	0
2019-05-24	190509828223	周期检定(轮换)	领表	菱湖供电服务区			2019-05-23	00010017892156	3330001000100178921568	湖州供电公司资产班二级智能周转柜	1
2019-05-24	190523974897	低压非居民新装	安装信息录入	菱湖供电服务区	P32810227	归红星	2019-05-24	00010012017182	3330001000100120171829	湖州供电公司菱湖供电所三级智能周转柜	0
2019-05-24	190509813454	低压非居民新装	配表	织里供电服务区			2019-05-24	00010012018071	3330001000100120180715	湖州供电公司织里供电所三级智能周转柜	0
2019-05-24	190507634415	高压新装	合同签订	湖州吴兴服务区			2019-05-24	00010023361681	3330001000100233616811	湖州供电公司客户服务中心装接一班三级智能周转柜	0
2019-05-24	190507634415	高压新装	竣工验收	湖州吴兴服务区			2019-05-24	00010023361681	3330001000100233616811	湖州供电公司客户服务中心装接一班三级智能周转柜	0
2019-05-24	190507634415	高压新装	配表	湖州吴兴服务区			2019-05-24	00010023361681	3330001000100233616811	湖州供电公司客户服务中心装接一班三级智能周转柜	0
2019-05-24	190513150842	高压增容	配表	湖州吴兴服务区			2019-05-24	00010023361693	3330001000100233616934	湖州供电公司客户服务中心装接一班三级智能周转柜	0
2019-05-24	190513150842	高压增容	竣工验收	湖州吴兴服务区			2019-05-24	00010023361693	3330001000100233616934	湖州供电公司客户服务中心装接一班三级智能周转柜	0
2019-05-24	190513150842	高压增容	合同签订	湖州吴兴服务区			2019-05-24	00010023361693	3330001000100233616934	湖州供电公司客户服务中心装接一班三级智能周转柜	0
2019-05-24	190523987120	计量装置故障	安装信息录入_1	和孚供电服务区			2019-05-23	00010019937072	3330001000100199370727	湖州供电公司和孚供电所三级智能周转柜	1
2019-05-24	190521804747	低压非居民新装	安装信息录入	城东供电服务区			2019-05-22	00010019930567	3330001000100199305675	湖州供电公司城东供电所三级智能周转柜	2

图 1－22　08439 导出表格

第十节　换表频次异常

一、指标解释计算

换表频次异常指本月发生的本年度累计换表 3 次及以上计量点数。

二、指标管控要点（病症点）及常规查询方式

指标考核标准为累计换表 3 次及以上，即本年度最多发生 2 次换表，当本年度表计已轮换的用户发生表计故障时，该用户换表频次已达 2 次，如遇该用户再次故障换表或用户改类换表，则换表频次超 2 次。由于夏季用电负荷较大，故障表计增多，因此夏季是该指标的攻坚难点，尤其要关注夏季已换表 2 次的用户。

（一）查询方式

营销系统自定义查询 JLGK10，见图 1－23。

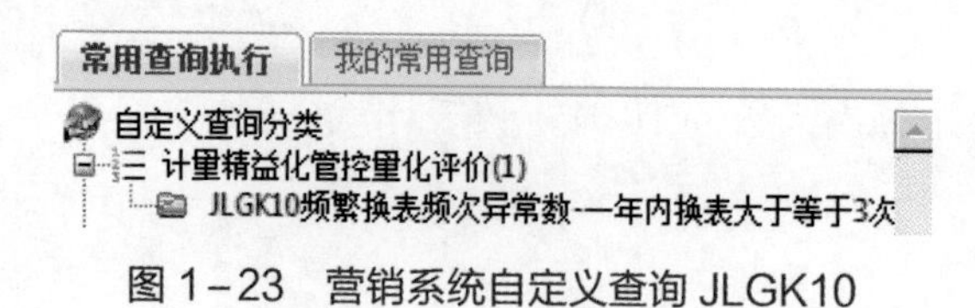

图 1－23　营销系统自定义查询 JLGK10

（二）考核管控对象

地市/县区级装接班组。

（三）指标可能差错的情况及原因

为严格规范换表工作，降低换表频次，原改类业务中多数业务直接采用换表的方式，存在无需换表而换表的用户，如开通峰谷用电等。现对智能表用户开通峰谷不再换表，营销系统内走开通峰谷功能流程。由于轮换、故障、业扩等原因及其容易造成换表频次超过 3 次，故在业扩时应尽量减少用户的换表。

三、查询管控及典型案例

图 1－24 为营销系统自定义查询 JLGK10 导出的表格，“频繁换表频次异常”的表计数量。需注意的是表格中导出的表计为“一年内换表大于等于 3 次”，即已超出考核要求的用户。

JLGK10频繁换表频次异常数-一年内换表大于等于3次									
单位编号	单位名称	户号	计量点编号	抄表段编号	电压等级	合同容量	表计运行数量	表计更换数量	考核月份
双林供电服务区	浙江湖州电力客户服务中心	331703××××	00002720716	334080102512235	交流380V	70	1	3	201806
杭垓供电服务区	国网浙江安吉县供电有限公司	372005××××	00036642184	334082001054006	交流380V	20	1	3	201806

图 1－24　营销系统自定义查询 JLGK10 导出表格

第十一节　表计精度配置合理性

一、指标解释计算

表计精度配置合理性指标是对当月新增、改造、轮换等用户计量点类别与配置的电能表、互感器精度进行匹配，并与规程要求进行比较，统计存在偏差不符合规程要求的数量。

二、指标管控要点（病症点）及常规查询方式

指标考核用户计量点类别与计量设备精度是否符合规程要求。

（一）查询方式

营销系统自定义查询 JLGK25，见图 1－25。

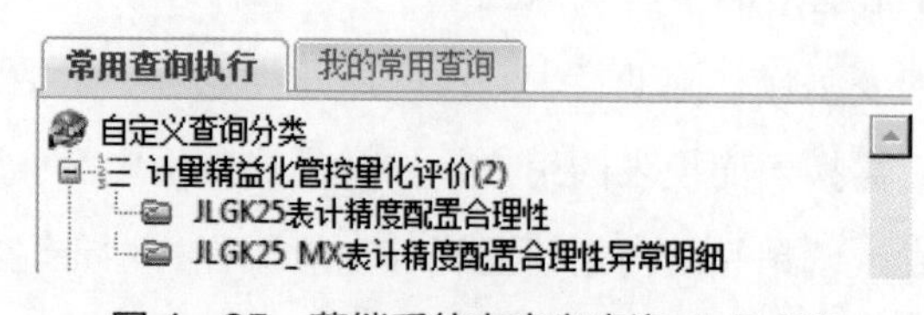

图 1－25　营销系统自定义查询 JLGK25

（二）考核管控对象

地市/县区级装接班组。

（三）指标可能差错的情况及原因（见图 1－26）

精度配置不规范，主要指用户计量点类别和配置的电能表、互感器精度进行匹配与规程要求不符，错误原因主要是发生在方案制定环节。在方案制定时方案错误或在系统内操作时选择错误，均会导致精度配置不合理现象的发生。在对该指标的日常管控过程中需做到：

（1）严格规范方案制定人员操作，加强对规程的学习。

（2）当出现预警时，应尽快更换表计或互感器使之满足规程要求。

JLGK25_MX表计精度配置合理性异常明细

统计年月	统计日期	管理单位	流程编号	流程类型	户号	计量点编号	计量点名称	计量点电压	计量点用途	计量装置分类	条形码	设备类型	电能表有功精度	电能表无功精度	电流互感器精度	电压互感器精度
201905	2019-05-24 00:00:00	新市供电服务区	190509851135	10（6）kV分布式光伏项目新装		00053831962	车永泉光伏发电计量点	交流380V	发电关口	Ⅳ类计量装置	3330001000100209714626	电能表	2.0			

图 1－26　指标可能差错的情况及原因

三、查询管控及典型案例

由图 1－27 可知表计精度配置合理性指标查询与具体清单的查询方式。图中该用户为低供低计用户，电能表有功精度为“2.0”，而该用户计量点电压却为“交流 380V”，两者互不匹配，导致该指标预警。经核实确认，该用户实际计量点电压为“交流 220V”，故最终修改用户档案信息中的计量点电压。

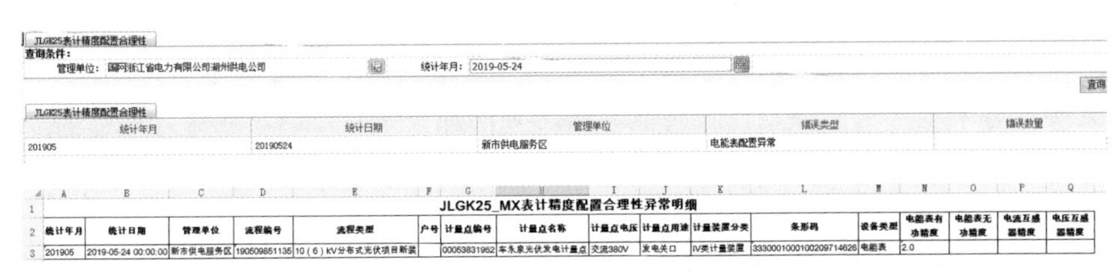

JLGK25表计精度配置合理性

查询条件：

管理单位：国网浙江省电力有限公司湖州供电公司　统计年月：2019-05-24

查询

JLGK25表计精度配置合理性

统计年月	统计日期	管理单位	错误类型	错误数量
201905	20190524	新市供电服务区	电能表配置异常	

JLGK25_MX表计精度配置合理性异常明细

统计年月	统计日期	管理单位	流程编号	流程类型	户号	计量点编号	计量点名称	计量点电压	计量点用途	计量装置分类	条形码	设备类型	电能表有功精度	电能表无功精度	电流互感器精度	电压互感器精度
201905	2019-05-24 00:00:00	新市供电服务区	190509851135	10（6）kV分布式光伏项目新装		00053831952	车永泉光伏发电计量点	交流380V	发电关口	Ⅳ类计量装置	3330001000100209714626	电能表	2.0			

图 1－27　表计精度配置合理性指标查询与具体清单的查询方式

第十二节　计量装接业务移动作业终端应用率

一、指标解释计算

计量装接业务移动作业终端应用率指标指应用移动作业终端完成计量装接业务数在计量装接业务数中的占比。

二、指标管控要点（病症点）及常规查询方式

该指标旨在提高移动作业终端的应用率，提升员工操作的熟练度。

（一）查询方式

营销系统自定义查询 JLGK26“计量装接业务移动作业终端应用率”，详细异常清单可通过自定义查询 JLGK26“MAX 计量装接业务移动作业终端应用异常明细”，如图 1－28 所示。

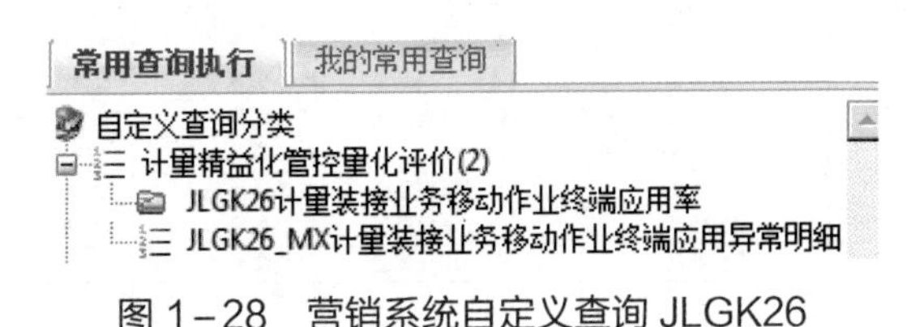

图 1－28　营销系统自定义查询 JLGK26

（二）考核管控对象

地市/县区级装接班组。

（三）指标可能差错的情况及原因

移动作业终端数量不足，由于指标要求全部计量装接业务均使用移动作业

终端，而实际使用中装接人员多，共用一台很困难，为保证装接任务按时完成，装接业务未全部采用移动作业终端，故必须增加设备数量满足业务开展需要。建议提前制定好下年度的设备采购计划，保证业务的正常开展。

三、查询管控及典型案例

由图 1-29 可以发现，计量装接业务移动作业终端应用率=移动终端应用数/计量装接数，而未应用移动终端完成业务的流程，具体清单可通过 JLGK26（MAX 计量装接业务移动作业终端应用异常明细）查询到（见图 1-30）。现各县公司应用率不高，其主要原因为：

JLGK26计量装接业务移动作业终端应用率

查询条件：

管理单位：国网浙江省电力有限公司湖州供电公司　　统计年月：2019-05-24

查询

JLGK26计量装接业务移动作业终端应用率

统计年月	管理单位	移动终端应用数	计量装接数	应用率
201905	浙江湖州电力客户服务中心	642	2295	27.97
201905	国网浙江德清县供电有限公司	275	814	33.78
201905	国网浙江安吉县供电有限公司	141	641	22
201905	国网浙江长兴县供电有限公司	327	1231	26.56
201905	长广配售电公司	0	5	0

图 1-29　计量装接业务移动作业终端应用率示例

JLGK26_MX计量装接业务移动作业终端应用异常明细

流程号	单位代码	单位名称	流程类型	环节名称	操作人工号	操作人名称	归档日期
190430964057	33408200110	××供电服务区	低压非居民增容	安装信息录入	P62360403	×××	2019-05-02
190402500700	334082001	××安吉电力客户服务中心	装表临时用电	安装信息录入	P62330008	×××	2019-05-05
190430949393	33408200112	××供电服务区	低压居民新装	安装信息录入	P62360369	×××	2019-05-05
190430949731	33408200112	××供电服务区	低压居民新装	安装信息录入	P62360369	×××	2019-05-05
190430952131	33408200112	××供电服务区	低压居民新装	安装信息录入	P62360369	×××	2019-05-05
181126892053	334082001	××安吉电力客户服务中心	高压新装	安装信息录入	P62330009	×××	2019-05-05
190430952739	33408200112	××供电服务区	低压居民新装	安装信息录入	P62360369	×××	2019-05-05
180913098174	334082001	××安吉电力客户服务中心	装表临时用电	安装信息录入	P62330023	×××	2019-05-05
190409066582	334082001	××安吉电力客户服务中心	销户	安装信息录入_2	P62330023	×××	2019-05-05
190505352773	33408200112	××供电服务区	低压居民新装	安装信息录入	P62360369	×××	2019-05-06
190505361456	33408200112	××供电服务区	低压居民新装	安装信息录入	P62360369	×××	2019-05-06
190506437669	33408200112	××供电服务区	低压居民增容	安装信息录入	P62360369	×××	2019-05-06

图 1-30　JLGK26（MAX 计量装接业务移动作业终端应用异常明细）

（1）移动作业终端配备不足，导致工作中无法达到所有流程全部使用移动作业终端或作业终端故障。

（2）工作中操作人员未按规定全部流程使用移动作业终端操作。

第十三节　设备主人制周期巡检完成率

一、指标解释计算

设备主人制周期巡检完成率定义为：周期巡检实施数/周期巡检计划数×100%。

二、指标管控要点（病症点）及常规查询方式

该指标旨在提升周期巡检工作的开展。

（一）查询方式

营销系统自定义查询 JLGK24 以及自定义查询 09906 未完成周期核抄设备清单，如图 1－31 所示。

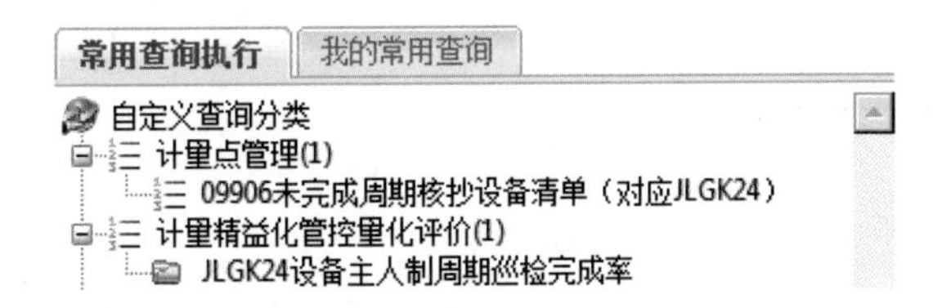

图 1－31　营销系统自定义查询 JLGK24 以及自定义查询 09906

（二）考核管控对象

地市/县区级装接班组。

（三）指标可能差错的情况及原因

该指标与周期核抄工作完成情况有直接关系，周期核抄工作的完成及时性与开展的完成率对该指标有很大影响。

三、查询管控及典型案例

由图 1－32 可知指标的计算方式与参数，日常工作中设备主人制周期巡检结合周期核抄工作一并开展，未完成周期核抄设备的流程具体清单可通过自定义查询 09906 查询到，如图 1－33 所示。

JLGK24设备主人制周期巡检完成率

查询条件：

统计年月：2019-05-24　管理单位：国网浙江省电力有限公司湖州供电公司　查询

JLGK24设备主人制周期巡检完成率

单位	周期巡检实施数	周期巡检计划数	周期巡检完成率
浙江湖州电力客户服务中心	0	7827	0
国网浙江德清县供电有限公司	0	1626	0
国网浙江安吉县供电有限公司	0	10122	0
国网浙江长兴县供电有限公司	426	24269	1.75

图 1－32　设备主人制周期巡检完成率示例

09906未完成周期核抄设备清单（对应JLGK24）

单位	周期巡视流程号	安装地址	计量箱条码	箱内户号	台区编号	台区名称	抄表员工号	抄表段编码	抄表员姓名
林城供电服务区	190502233332	浙江省湖州市长兴县林城镇午山岗行政村环桥村自然村环桥加工场	008283662X	3518396020	0000600120	环桥加工场	P62262131	334083001707031	XXX
林城供电服务区	190502233332	浙江省湖州市长兴县林城镇午山岗行政村下沈村自然村午山岗村南沈台区	008284262X	3518315864	0001669528	午山岗村南沈台区	P62262131	334083001707031	XXX
林城供电服务区	190502233332	浙江省湖州市长兴县林城镇午山岗行政村强家自然村环桥太平桥	008283624X	3518330025	0000600096	环桥太平桥	P62262131	334083001707031	XXX
林城供电服务区	190502233332	浙江省湖州市长兴县林城镇午山岗行政村下沈村自然村午山岗村南沈台区	0082842469	3518316813	0001669528	午山岗村南沈台区	P62262131	334083001707031	XXX
林城供电服务区	190502233332	浙江省湖州市长兴县林城镇午山岗行政村强家自然村环桥太平桥	008283655X	3520042796	0000600096	环桥太平桥	P62262131	334083001707031	XXX
林城供电服务区	190502233332	浙江省湖州市长兴县林城镇午山岗行政村强家自然村环桥太平桥	0082837929	3518330008	0000600096	环桥太平桥	P62262131	334083001707031	XXX
林城供电服务区	190502233332	浙江省湖州市长兴县林城镇午山岗行政村强家自然村环桥太平桥	0082838089	3518330024	0000600096	环桥太平桥	P62262131	334083001707031	XXX

图 1－33　未完成周期核抄设备的流程具体清单可通过自定义查询 09906 查询

第十四节　Ⅱ型采集器装出及时性

一、指标解释计算

Ⅱ型采集器装出及时性指领出待装时间不超过 15 天。

二、指标管控要点（病症点）及常规查询方式

该指标用于管控采集器领出安装的时间，类似于表计领出未装指标，如领出未装必须在考核时限内退库。

（一）查询方式

营销系统自定义查询 JLGK23 或自定义查询 JLGK2301（详细清单），见图 1－34。

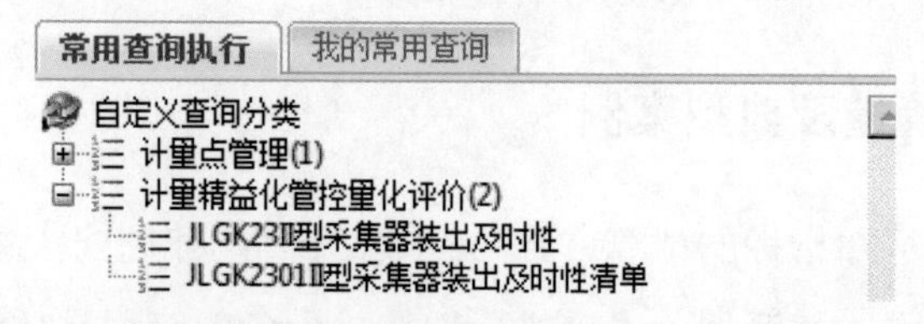

图 1－34　营销系统自定义查询 JLGK23 或自定义查询 JLGK2301

（二）考核管控对象

地市/县区级装接班组或采集班。

（三）指标可能差错的情况及原因

安装过程中发现现场不具备安装条件或采集设备模块、通信功能存在问题，或者现场无信号等情况，设备无法安装投运，而又未及时进行未装退库操作，时限到期造成指标超期。

日常管控中对该指标应及时进行通报提醒，提醒安装人员尽快安装，无法安装的应及时退库。

第十五节　计　量　投　诉

一、指标解释计算

计量投诉指本月发生计量错接线投诉、电表库存不足引发的投诉数量（含不属实投诉）。

二、指标管控要点（病症点）及常规查询方式

该指标用于管控减少计量投诉事件的发生。计量投诉事件可能与错接线、库存不足、换表时与用户服务等相关。

（一）查询方式

略。

（二）考核管控对象

地市/县区级所有计量专业班组。

（三）指标可能差错的情况及原因

计量投诉事件可能与电能表的错接线、用户申请装表等业务而库存不足无表可换、工作人员换表时对用户态度不佳服务质量差等相关原因产生。

三、查询管控及典型案例

计量投诉涉及计量业务工作的各个环节，尤其在装接工作投诉事件发生率相对较高（错接线、停电投诉等）、配表环节偶有发生（个别类型库存无货，新装用户配表时间长等）。故在日常管控中对于该两类主要问题进行管控：

（1）装接工作：① 加强装接人员的技术水平，规范工作流程与操作规范，保证接线的准确性；② 提高优质服务，加强装接人员培训，提升服务态度与质量，停电前履行告知手续。

（2）配表工作：① 对于部分稀有表计，需保证有一定的库存量；② 表计库存较低时，及时联系省计量中心进行配送补货或申请临时配表。

第十六节　现场校验计划完成率

一、指标解释计算

现场校验计划完成率定义为：首次或周期检验数量/首次或周期检验计划数量×100%

二、指标管控要点（病症点）及常规查询方式

该指标旨在管控现场校验计划完成情况。

（一）查询方式

略。

（二）考核管控对象

地市/县区级计量室现场校验班。

第十七节　运行抽检完成率

一、指标解释计算

运行抽检完成率定义为：本年度运行电能表抽检数/本年度运行电能表抽检计划数×100%

二、指标管控要点（病症点）及常规查询方式

该指标旨在管控运行表计抽检工作的完成情况。本年度运行电能表抽检数按照年度运行电能表总数进行抽检，选取不同类别表计、型号的表计进行抽检。

（一）查询方式

略。

（二）考核管控对象

（1）地市/县区级计量室。

（2）相关单位：地市/县区级装接班组及检定室。

（三）指标可能差错的情况及原因

由于抽检表计类型随机，时间紧任务重，需表库中配备相应数量的待更换新表，个别小品规表计需快速调配，保证运行抽检工作的顺利开展。

三、查询管控及典型案例

查询管控示例如图 1–35 所示。

业务开展中可能遇到的问题及注意事项如下：

（1）找不到相应计划。需填写具体的计划月份，计划月份是省公司下发计划的月份，一般为每年的 1 月份，任务分类必须选择运行表质量检验。

（2）明细无法导出。出于对信息安全的考虑，取消了批量导出具体信息的功能，可以手工直接在页面上选择后复制，黏贴在表格中。

（3）流程冲突。抽检流程生成后，有些被选用户可能会产生轮换流程和故

障流程，导致抽检流程无法正常流转，只能终止相应的抽检流程，并在计划明细中删除该用户，增加新的抽检用户信息，重新发起新的抽检流程。

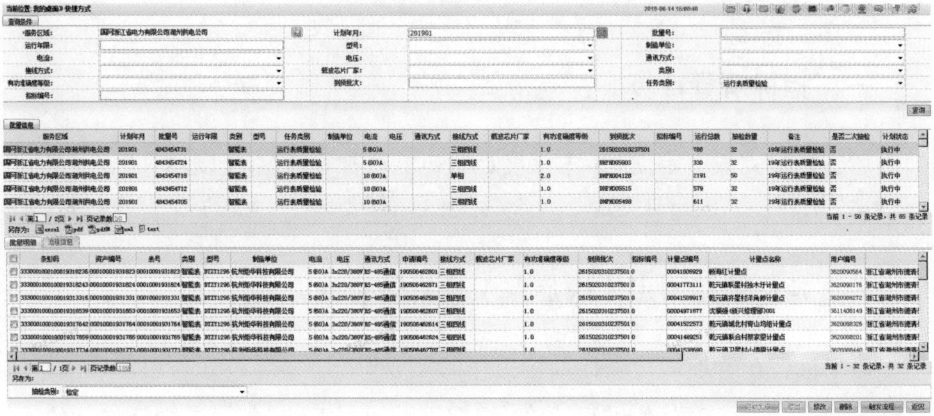

当前位置：我的桌面》快捷方式　　2019-06-14 15:00:40

查询条件

*服务区域：	国网浙江省电力有限公司湖州供电公司	计划年月：	201901	批量号：	
运行年限：		型号：		制造单位：	
电流：		电压：		通讯方式：	
接线方式：		载波芯片厂家：		类别：	
有功准确度等级：		到货批次：		任务类别：	运行表质量检验
招标编号：					

查询

批量信息

服务区域	计划年月	批量号	运行年限	类别	型号	任务类别	制造单位	电流	电压	通讯方式	接线方式	载波芯片厂家	有功准确度等级	到货批次	招标编号	运行总数	抽检数量	备注	是否二次抽检	计划状态
国网浙江省电力有限公司湖州供电公司	201901	4843454731		智能表		运行表质量检验		5(60)A			三相四线		1.0	2615020310237501		788	32	19年运行表质量检验	否	执行中
国网浙江省电力有限公司湖州供电公司	201901	4843454724		智能表		运行表质量检验		5(60)A			三相四线		1.0	IMPM005903		330	32	19年运行表质量检验	否	执行中
国网浙江省电力有限公司湖州供电公司	201901	4843454718		智能表		运行表质量检验		10(60)A			单相		2.0	IMPM004128		2191	50	19年运行表质量检验	否	执行中
国网浙江省电力有限公司湖州供电公司	201901	4843454712		智能表		运行表质量检验		10(60)A			三相四线		1.0	IMPM005515		579	32	19年运行表质量检验	否	执行中
国网浙江省电力有限公司湖州供电公司	201901	4843454705		智能表		运行表质量检验		10(60)A			三相四线		1.0	IMPM005498		611	32	19年运行表质量检验	否	执行中

第1/2页　页记录数50　　当前 1 - 50 条记录，共 65 条记录

另存为：excel pdf pdfM xml text

批量明细　流程信息

条形码	资产编号	表号	类别	型号	制造单位	电流	电压	通讯方式	申请编号	接线方式	载波芯片厂家	有功准确度等级	到货批次	招标编号	计量点编号	计量点名称	用户编号	
3330001000100019318236	00010001931823	00010001931823	智能表	DTZY1296	杭州炬华科技有限公司	5(60)A	3x220/380V	RS-485通信	190506462801	三相四线		1.0	2615020310237501	0	00041808929	新海红计量点	3620090564	浙江省湖州市德清
3330001000100019318243	00010001931824	00010001931824	智能表	DTZY1296	杭州炬华科技有限公司	5(60)A	3x220/380V	RS-485通信	190506462871	三相四线		1.0	2615020310237501	0	00041773111	乾元镇联星村独木圩计量点	3620090176	浙江省湖州市德清
3330001000100019313316	00010001931331	00010001931331	智能表	DTZY1296	杭州炬华科技有限公司	5(60)A	3x220/380V	RS-485通信	190506462588	三相四线		1.0	2615020310237501	0	00041509917	乾元镇齐星村洋角桥计量点	3620088272	浙江省湖州市德清
3330001000100019316539	00010001931653	00010001931653	智能表	DTZY1296	杭州炬华科技有限公司	5(60)A	3x220/380V	RS-485通信	190506462607	三相四线		1.0	2615020310237501	0	00004971877	沈铜强(新兴修理部)001	3611408149	浙江省湖州市德清
3330001000100019317642	00010001931764	00010001931764	智能表	DTZY1296	杭州炬华科技有限公司	5(60)A	3x220/380V	RS-485通信	190506462614	三相四线		1.0	2615020310237501	0	00041522573	乾元镇城北村青山坞组计量点	3620088326	浙江省湖州市德清
3330001000100019317659	00010001931765	00010001931765	智能表	DTZY1296	杭州炬华科技有限公司	5(60)A	3x220/380V	RS-485通信	190506462624	三相四线		1.0	2615020310237501	0	00041489251	乾元镇联合村蔡家里计量点	3620088201	浙江省湖州市德清
3330001000100019317734	00010001931773	00010001931773	智能表	DTZY1296	杭州炬华科技有限公司	5(60)A	3x220/380V	RS-485通信	190506462707	三相四线		1.0	2615020310237501	0	00041539680	乾元镇卫星村小港里计量点	3620088440	浙江省湖州市德清

第1/1页　页记录数100　　当前 1 - 32 条记录，共 32 条记录

另存为：

抽检类别：检定

修改　删除　触发流程　返回

图 1–35　示例

第十八节　轮换计划完成率

一、指标解释计算

轮换计划完成率定义为：本年度累计实际轮换数/本年度累计计划应轮换数×100%

二、指标管控要点（病症点）及常规查询方式

该指标为年度指标，旨在管控电能表轮换工作的进度情况。

（一）查询方式

略。

（二）考核管控对象

地市/县区级装接班组。

（三）指标可能差错的情况及原因

电能表轮换工作为年度计划，工作量较大，应在年初就做好工作任务的分解、里程碑计划，将任务分解至每个月，合理安排工作进度。常见的问题是由于换表工作的招标问题、表计的到货问题，导致上半年度轮换工作开展的少或未开展，导致下半年度开展工作时任务加重，给最终完成带来巨大压力和困难。因此该指标需提前计划、提前安排、并对实施过程、进度实施掌控。

三、查询管控及典型案例

2019 年某供电公司市本级年初预计轮换表计数量 14 万多只，分解至每月为 1.2 万多只。由于遇春节假期、计划未下达与合同招标等问题，1～2 月仅少量开展了表计轮换工作。3 月正式启动表计轮换工作，当月轮换表计达到 2.2 万只，导致表计供应跟不上轮换速度，拆回表计库房满仓，拆回表计分拣压力剧增，发生相关指标临近警戒值甚至超标的情况。由该事件不难发现，大批量轮换工作，不宜采用爆发式集中安装的模式，因为其他环节工作会跟不上（如省公司配表计划），而应该尽量采取每月平均分配的模式。

第十九节　表计拆回退库不及时

一、指标解释计算

表计拆回退库不及时指电能表拆回日期到拆回入库日期超过 30 天的电能表数量。

二、指标管控要点（病症点）及常规查询方式

该指标旨在管理装接规范，确保拆回表计退库。

（一）查询方式

营销系统自定义查询 JLGK18（预警表计拆回退库不及时数量），见图 1－36。

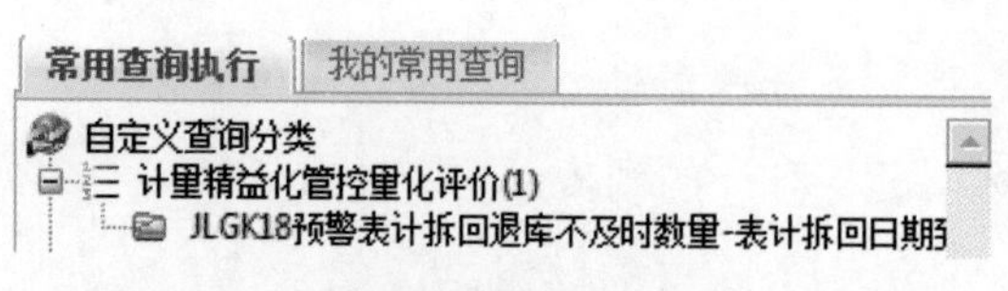

图 1－36　营销系统自定义查询 JLGK18

（二）考核管控对象

地市/县区级装接班组与表库。

（三）指标可能出现差错的情况及原因

由于拆回电能表涉及部分销户用户，因其电费回收等问题，如光伏用户的电费退补无用户的退费账号，使装接流程无法发送流转，或因电费未结清，装接人员暂不走销户流程。

三、查询管控及典型案例

图 1－37 为营销自定义 JLGK18 查询导出的表格，需注意表格中表计的实际拆回未退库天数为“20＋超期天数”，当超期天数到达 10 天时，说明该表计已超期，因此实际给予预警与管控的时间仅为 10 天。建议该指标在管控中作为每日查询管控指标。

JLGK18预警表计拆回退库不及时数量-表计拆回日期到拆回入库日期超过20天的电能表数量（每日凌晨更新）										
资产类别	资产局号	管理单位	资产状态	拆回流程号	流程状态	装拆单位	拆回日期	超期天数	拆除人员	拆除人所在班组
电能表	3330001000100068031896	国网浙江长兴县供电有限公司	拆回待退	190430927304	完成	和平供电服务区	2019-05-06 08:23:30	1	XXX	高压供电服务班
电能表	3310101021701044499660	国网浙江德清县供电有限公司	拆回待退	190505400548	完成	莫干山供电服务区	2019-05-05 16:28:45	2	XXX	营业班

图 1－37　营销自定义 JLGK18 查询导出表格

第二十节　表计分流处置不及时

一、指标解释计算

表计分流处置不及时指电能表拆回入库日期到完成首次分流处置的日期超过 30 天的电能表数量。

二、指标管控要点（病症点）及常规查询方式

该指标旨在管控表计拆回后处置及时性的问题。考核表计从待分流状态变更为其他状态的时间不超过 30 天。电能表拆回入库后状态变为待分流，经过分选、分拣装置的分拣后，改变表计状态。

（一）查询方式

营销系统自定义查询 JLGK19 预警表计分流处置不及时数量，见图 1-38。

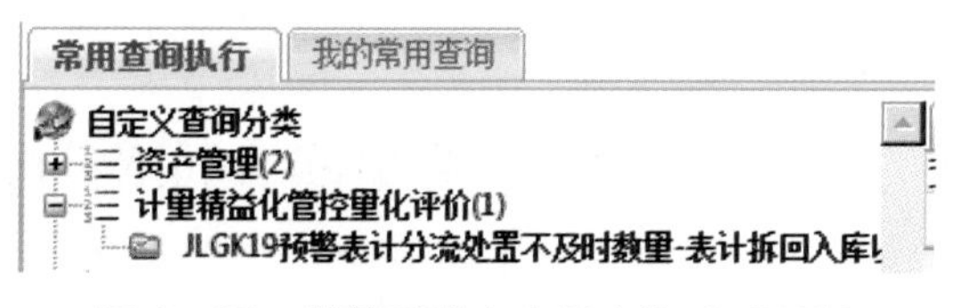

图 1-38　营销系统自定义查询 JLGK19

（二）考核管控对象

地市/县区级装接与资产班组。

（三）指标可能出现差错的情况及原因

（1）与表计拆回退库指标类似，表计分流处置不及时指标由于拆回电能表涉及部分销户用户，因其电费回收问题，如光伏用户的电费退补无用户的退费账号，使装接流程无法发送流转，或因电费未结清，装接人员暂不走销户流程，导致流程冲突表计无法分拣。

（2）MDS 系统故障等系统原因导致表计无法分拣，长期处在待分流状态。

三、查询管控及典型案例

图 1-39 为营销自定义 JLGK19 查询导出的表格，预警表计分流处置不及时。表格中表计的“待分流持续天数”为该表计状态变更为“待分流”后至今的天数；“超期天数”是按照考核标准 30 天计算后所得的天数。

指标考核时间按照营销系统表计状态变更为“非待分流”状态的时间。由于表计分拣工作在 MDS 系统中操作，当表计在 MDS 系统中状态变更后，营销系统中表计不会立即变更状态，需要等次日凌晨，MDS 系统将分拣数据推送营

销系统后方同步。因此实际操作与系统数据变更可能存在时间差，对于临近超期表计应提前处理。

JLGK19预警表计分流处置不及时数量-表计拆回入库以后，20天未从待分流变更成其他状态电能表数量											
表计局号	管理单位	类型	产权单位	相线	拆回入库日期	出厂日期	待分流持续天数	超期天数	操作人工号	操作员姓名	所在库房
3340801059300078420973	国网浙江省电力有限公司湖州供电公司	电子式-复费率远程费控智能电能表(居民用)	国网浙江省电力有限公司湖州供电公司	单相	2019-06-09 15:52:48	2011-07-12 00:00:00	18	-12	P32810078	XXX	湖州供电公司资产班二级人工表库
3340801059300078388877	国网浙江省电力有限公司湖州供电公司	电子式-复费率远程费控智能电能表(居民用)	国网浙江省电力有限公司湖州供电公司	单相	2019-06-09 15:52:57	2011-07-12 00:00:00	18	-12	P32810078	XXX	湖州供电公司资产班二级人工表库
3340801059300078392355	国网浙江省电力有限公司湖州供电公司	电子式-复费率远程费控智能电能表(居民用)	国网浙江省电力有限公司湖州供电公司	单相	2019-06-09 15:52:48	2011-07-12 00:00:00	18	-12	P32810078	XXX	湖州供电公司资产班二级人工表库
3340801059300078393246	国网浙江省电力有限公司湖州供电公司	电子式-复费率远程费控智能电能表(居民用)	国网浙江省电力有限公司湖州供电公司	单相	2019-06-09 15:52:47	2011-07-12 00:00:00	18	-12	P32810078	XXX	湖州供电公司资产班二级人工表库

图 1-39　营销自定义 JLGK19 查询导出表格

第二十一节　停运采集器分拣及时性

一、指标解释计算

停运采集器分拣不及时指Ⅱ型采集器停运超过 30 天未分拣。

二、指标管控要点（病症点）及常规查询方式

该指标旨在管控Ⅱ型采集器的运维、装拆工作及拆回后分拣工作。

（一）查询方式

营销系统自定义查询 JLGK22 或自定义查询 JLGK2201 停运采集器分拣及时性清单，见图 1-40。

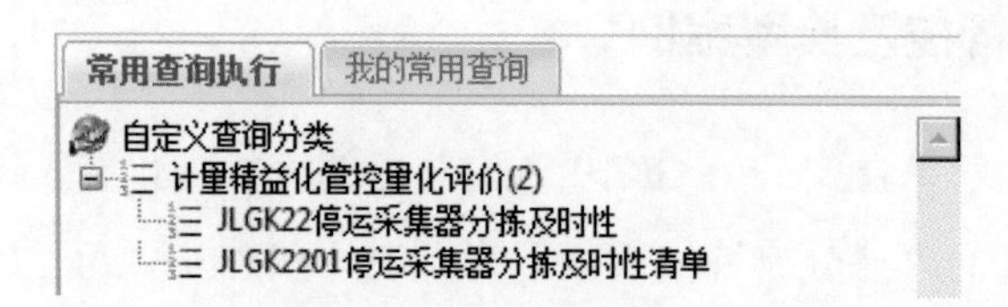

图 1-40　营销系统自定义查询 JLGK22 或自定义查询 JLGK2201 停运采集器分拣及时性清单

（二）考核管控对象

地市/县区级装接与资产班组。

（三）指标可能差错的情况及原因

（1）采集器拆回退库不及时导致（未实际拆回或拆回后未及时退库）。

（2）采集器拆回后分拣人员未及时进行分拣。

（3）由于流程原因，将采集器状态修改为“停运”，待流程结束、现场维护完毕后，未及时变更状态。

三、查询管控及典型案例

该指标考核的资产为Ⅱ型采集器。图 1-41 为 JLGK22 停运采集器分拣及时性查询结果，图 1-42 为营销自定义 JLGK22 与 JLGK2201 查询导出的表格停运采集器分拣及时性。表格中采集器的当前状态均为“停运”，“超期时间”为采集器状态变更为“停运”后至今的天数。

该指标旨在管控Ⅱ型采集器停运后的分拣及时性，产生超期的原因有：① 拆回不及时、不规范（系统内状态变更但实际采集器未拆回）；② 拆回后未及时退回二级表库进行分拣；③ 分拣人员未及时对采集器进行分拣。故在管控过程中主要是对装拆及分拣工作环节进行重点管控。

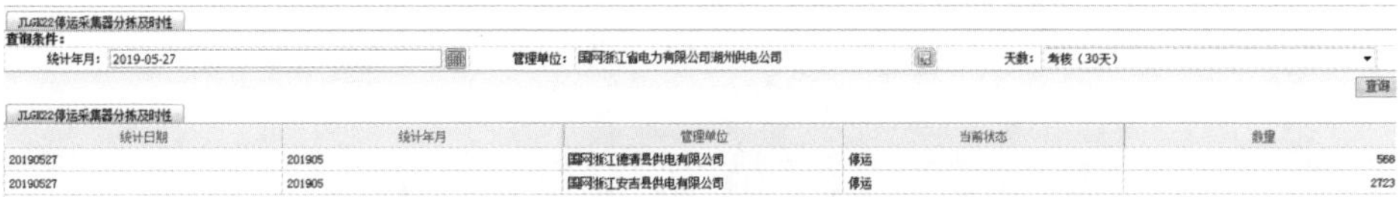

JLGK22停运采集器分拣及时性

查询条件：

统计年月：2019-05-27　管理单位：国网浙江省电力有限公司湖州供电公司　天数：考核（30天）

查询

JLGK22停运采集器分拣及时性

统计日期	统计年月	管理单位	当前状态	数量
20190527	201905	国网浙江德清县供电有限公司	停运	568
20190527	201905	国网浙江安吉县供电有限公司	停运	2723

图 1-41　JLGK22 停运采集器分拣及时性

	A	B	C	D	E	F	G	H
1	JLGK2201停运采集器分拣及时性清单							
2	统计日期	统计年月	管理单位	当前状态	条形码	操作人员	停运时间	超期时间
3	2019-05-27 00:00:00	201905	国网浙江省电力有限公司湖州供电公司	停运	3330009000000162947009	XXX	2019-05-06	21
4	2019-05-27 00:00:00	201905	国网浙江省电力有限公司湖州供电公司	停运	3330009000000223691339	XXX	2019-05-02	25
5	2019-05-27 00:00:00	201905	国网浙江省电力有限公司湖州供电公司	停运	3310109009900120592569	XXX	2019-05-05	22
6	2019-05-27 00:00:00	201905	国网浙江省电力有限公司湖州供电公司	停运	3330009000000162947047	XXX	2019-05-06	21
7	2019-05-27 00:00:00	201905	国网浙江省电力有限公司湖州供电公司	停运	3310109024000094150242	XXX	2019-05-06	21
8	2019-05-27 00:00:00	201905	国网浙江省电力有限公司湖州供电公司	停运	3310109025100149278422	XXX	2019-05-06	21
9	2019-05-27 00:00:00	201905	国网浙江省电力有限公司湖州供电公司	停运	3330009000000162946958	XXX	2019-05-06	21
10	2019-05-27 00:00:00	201905	国网浙江省电力有限公司湖州供电公司	停运	3330009000000162946996	XXX	2019-05-06	21
11	2019-05-27 00:00:00	201905	国网浙江省电力有限公司湖州供电公司	停运	3330009000000162947016	XXX	2019-05-06	21
12	2019-05-27 00:00:00	201905	国网浙江省电力有限公司湖州供电公司	停运	3330009000000162947214	XXX	2019-05-06	21

图 1-42　营销系统自定义查询 JLGK22 或自定义查询 JLGK2201

第二十二节　电能表拆回分拣准确性

一、指标解释计算

电能表拆回分拣准确性指标表示省计量中心复核各单位拆回电能表分选、分拣结论判断不准确情况。

二、指标管控要点（病症点）及常规查询方式

该指标旨在管控电能表分选、分拣工作的质量和分拣工作的规范性。

（一）查询方式

目前该指标查询尚在制定中。

（二）考核管控对象

地市/县区级资产班组。

（三）指标可能差错的情况及原因

不符合分选报废条件的表计，未上分拣装置进行分拣便进行报废等分拣操作，报废抽检不规范等及其他不符合分拣工作规范要求的分拣操作。

第二十三节　报废处置不及时

一、指标解释计算

报废处置不及时指标指自待报废状态至已报废状态超过 90 天的电能表、低压电流互感器、采集终端数量，剔除拆除流程因电费结算原因无法结束的情况。

二、指标管控要点（病症点）及常规查询方式

该指标旨在管控电能表自待报废状态至已报废状态的工作时限，主要涉及

报废申请和报废审批两项工作。

（一）查询方式

营销系统自定义查询 JLGK17，见图 1－43。

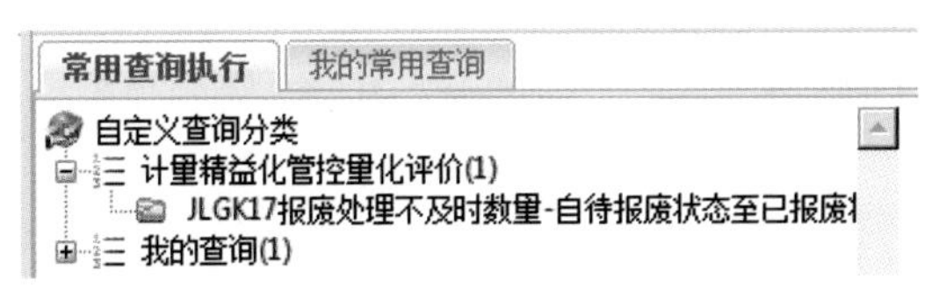

图 1－43　营销系统自定义查询 JLGK17

（二）考核管控对象

地市/县区级资产班组。

（三）指标可能出现差错的情况及原因

（1）电能表分拣为报废状态后，分拣人员未及时在系统内申请报废。

（2）电能表分拣为报废状态，并申请报废后，未及时报废审批（由于报废申请需省计量中心确认），导致报废处置不及时。

三、查询管控及典型案例

该指标考核的计量资产为电能表。图 1－44 为营销自定义 JLGK17 查询导出的表格报废处理不及时数量。表格中“状态滞留日期”为电能表状态变更为“待报废”后至今的天数，当天数超过 70 天时即为超期。该指标旨在管控电能表待报废后，报废申请、报废审批工作的时限。由于营销系统内表计状态变更为“待报废”后，还需报废申请，实际工作中多数报废处理不及时产生的原因就是因为工作人员分拣后系统内未提出报废申请。

	A	B	C	D	E	F	G	H	I	J	K
1	JLGK17报废处理不及时数量-自待报废状态至已报废状态超过70天的电能表数量（每日凌晨更新）										
2	表计条码	管理单位	库房	库区	表计状态	接线方式	表计类别	表计类型	状态滞留日期	统计时间	operate_date
3	3340801059300078335642	国网浙江省电力有限公司湖州供电公司			待报废	单相	智能表	电子式-复费率远程费控智能电能表(居民用)	73	2019-05-27 00:00:00	2019-03-14 09:41:56
4	3340801028700092716869	国网浙江省电力有限公司湖州供电公司			待报废	单相	智能表	电子式-复费率远程费控智能电能表(居民用)	73	2019-05-27 00:00:00	2019-03-14 09:41:56
5	3340801028700092749775	国网浙江省电力有限公司湖州供电公司			待报废	单相	智能表	电子式-复费率远程费控智能电能表(居民用)	73	2019-05-27 00:00:00	2019-03-14 09:41:56
6	3340801059300078400944	国网浙江省电力有限公司湖州供电公司			待报废	单相	智能表	电子式-复费率远程费控智能电能表(居民用)	73	2019-05-27 00:00:00	2019-03-14 09:41:56
7	3340801082400142962540	国网浙江省电力有限公司湖州供电公司			待报废	单相	智能表	电子式-复费率远程费控智能电能表(居民用)	73	2019-05-27 00:00:00	2019-03-14 09:41:56
8	3310101083101031686347	国网浙江省电力有限公司湖州供电公司			待报废	单相	智能表	电子式-复费率远程费控智能电能表(居民用)	73	2019-05-27 00:00:00	2019-03-14 09:41:56
9	3310101083301040147666	国网浙江省电力有限公司湖州供电公司			待报废	单相	智能表	电子式-复费率远程费控智能电能表(居民用)	73	2019-05-27 00:00:00	2019-03-14 09:41:56
10	3310101083301040114651	国网浙江省电力有限公司湖州供电公司			待报废	单相	智能表	电子式-复费率远程费控智能电能表(居民用)	73	2019-05-27 00:00:00	2019-03-14 09:41:56
11	3310101083301040136394	国网浙江省电力有限公司湖州供电公司			待报废	单相	智能表	电子式-复费率远程费控智能电能表(居民用)	73	2019-05-27 00:00:00	2019-03-14 09:41:56
12	3310101083301040136530	国网浙江省电力有限公司湖州供电公司			待报废	单相	智能表	电子式-复费率远程费控智能电能表(居民用)	73	2019-05-27 00:00:00	2019-03-14 09:41:56
13	3310101083301040137582	国网浙江省电力有限公司湖州供电公司			待报废	单相	智能表	电子式-复费率远程费控智能电能表(居民用)	73	2019-05-27 00:00:00	2019-03-14 09:41:56
14	3310101083301040171302	国网浙江省电力有限公司湖州供电公司			待报废	单相	智能表	电子式-复费率远程费控智能电能表(居民用)	73	2019-05-27 00:00:00	2019-03-14 09:41:56
15	3310101083301040171265	国网浙江省电力有限公司湖州供电公司			待报废	单相	智能表	电子式-复费率远程费控智能电能表(居民用)	73	2019-05-27 00:00:00	2019-03-14 09:41:56
16	3310101083301040117928	国网浙江省电力有限公司湖州供电公司			待报废	单相	智能表	电子式-复费率远程费控智能电能表(居民用)	73	2019-05-27 00:00:00	2019-03-14 09:41:56
17	3310101083301040117874	国网浙江省电力有限公司湖州供电公司			待报废	单相	智能表	电子式-复费率远程费控智能电能表(居民用)	73	2019-05-27 00:00:00	2019-03-14 09:41:56
18	3310101083301040118680	国网浙江省电力有限公司湖州供电公司			待报废	单相	智能表	电子式-复费率远程费控智能电能表(居民用)	73	2019-05-27 00:00:00	2019-03-14 09:41:56

图 1－44　营销自定义 JLGK17 查询导出的表格

第二十四节　报废处置规范性

一、指标解释计算

报废处置规范性指标用于统计当月进行报废处置的无安装记录的智能电能表数量。

二、指标管控要点（病症点）及常规查询方式

该指标旨在管控电能表新表（即无安装记录的表计）报废情况的发生。

（一）查询方式

营销系统自定义查询 JLGK21（当月进行报废处置的无安装记录的智能电能表），见图 1–45。

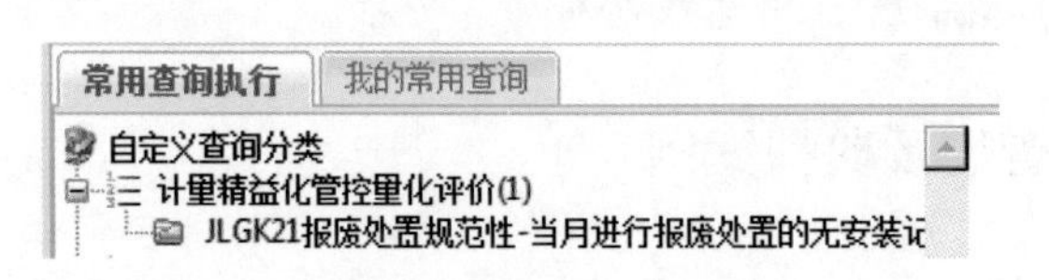

图 1–45　营销系统自定义查询 JLGK21

（二）考核管控对象

地市/县区级资产班组。

（三）指标可能出现差错的情况及原因

由于部分新电能表领出至现场安装后，发现新电能表故障（实际营销系统内尚未安装）退回表库，该表计系统内为合格表计，而实际使用和检定后，该表计不合格无法使用，需进行报废，导致报废处置不规范。

三、查询管控及典型案例

该指标查询的计量资产仅为智能电能表。图 1–46 为营销自定义 JLGK21 查询情况。查询出的数据中所有的智能电能表均为“当月”进行报废处置的“且无安装记录”的表计。该指标旨在管控新电能表（无安装记录表计）的报废，

资产的浪费与流失。但实际工作中，由于运输、搬运、仓储环境、安装等原因，导致表计在安装结束前出现故障或损坏。如表计在现场安装后通电发现表计故障或烧坏，而营销系统内表计未安装，拆回换表后，系统内该表计仍为“新表”（无安装记录），最终报废后即出现报废处置不规范的情况。

JLGK21报废处置规范性-当月进行报废处置的无安装记录的智能电能表

查询条件：

管理单位：国网浙江省电力有限公司湖州供电公司　统计年月：2019-03-30　查询

JLGK21报废处置规范性-当月进行报废处置的无安装记录的智能电能表

统计年月	统计日期	管理单位	条形码	报废流程号	报废日期	建档日期	最近检定日期
201903	20190331	国网浙江德清县供电有限公司	3330001000100108349493	190328914736	20190328	20170321	20180816
201903	20190331	国网浙江德清县供电有限公司	3330001000100108349479	190328914736	20190328	20170321	20180816
201903	20190331	国网浙江德清县供电有限公司	3330001000100108349486	190328914736	20190328	20170321	20180816
201903	20190331	国网浙江德清县供电有限公司	3330001000100108349455	190328914736	20190328	20170321	20180816
201903	20190331	国网浙江德清县供电有限公司	3330001000100108335748	190328914736	20190328	20170321	20180816
201903	20190331	国网浙江德清县供电有限公司	3330001000100108342982	190328914736	20190328	20170321	20180816
201903	20190331	国网浙江德清县供电有限公司	3330001000100108349462	190328914736	20190328	20170321	20180816
201903	20190331	国网浙江德清县供电有限公司	3330001000100108337100	190328914736	20190328	20170321	20180816
201903	20190331	国网浙江德清县供电有限公司	3330001000100152347285	190305931589	20190306	20170807	20170825T12:38:39
201903	20190331	国网浙江德清县供电有限公司	3330001000100111819655	190328914736	20190328	20170904	20180328

图 1-46　营销自定义 JLGK21 查询情况

第二十五节　申 校 及 时 性

一、指标解释计算

申校及时性指标指从申校受理至检验结果处理完成、检定证书上传至营销系统并发送超过 5 个工作日的流程数。

二、指标管控要点（病症点）及常规查询方式

该指标旨在管控电能表申请校验流程工作时限，从受理开始至流程发送结束为止。

（一）查询方式

营销系统自定义查询 JLGK15。

（二）考核管控对象

地市/县区级装接、资产、检定班组。

（三）指标可能出现差错的情况及原因

（1）由于拆表时遇门闭户，需待用户在家中方能进入拆表，导致拆表时间过长造成面临申校超时。

（2）由于天气原因导致拆表、退库不及时而造成申校时间超时限。

（3）由于检定设备故障等检定原因导致无法及时检定。

第二十六节　故障鉴定及时性

一、指标解释计算

故障鉴定及时性指标指从故障鉴定受理至拟定故障处理意见完成并发送超过 10 个工作日的流程数。

二、指标管控要点（病症点）及常规查询方式

该指标与申校及时性指标类似，旨在管控电能表故障检定流程工作时限，从受理开始至拟定故障处理意见（而非流程发送结束）为止。

（一）查询方式

营销系统自定义查询 JLGK16。

（二）考核管控对象

地市/县区级装接、资产、检定班组。

（三）指标可能出现差错的情况及原因

该指标与申校及时性指标类似，可能产生差错的情况及原因如下：

（1）由于拆表时遇门闭户，需待用户在家中方能进入拆表，导致拆表时间过长造成面临申校超时。

（2）由于天气原因导致拆表、退库不及时而造成申校时间超时限。

（3）由于检定设备故障等检定原因导致无法及时检定。

第二十七节　电能表待校验状态超过一个月

一、指标解释计算

电能表待校验状态超过一个月指标含义为电能表从其他状态变更为待检验状态的时间距离当前时间超过 1 个月。

二、指标管控要点（病症点）及常规查询方式

该指标旨在管控电能表校验流程工作时限。

（一）查询方式

营销精益化管控平台。

（二）考核管控对象

地市/县区级检定班组。

（三）指标可能差错的情况及原因

（1）由于检定量较大时（如夏季故障表较多时），检定室优先完成需时限考核的检定任务，而对于库存复检等表计检定时间适当放缓，可能会导致电能表待校验状态较长，超过一个月。

（2）由于检定设备故障等检定原因导致无法及时检定。

第二十八节　SIM 卡闲置率

一、指标解释计算

SIM 卡闲置率定义为：100% – 在用 SIM 卡数/SIM 卡总数

规定 SIM 卡闲置比例不得大于 2%。

二、指标管控要点（病症点）及常规查询方式

该指标旨在管控 SIM 卡使用情况，提高 SIM 卡使用率。

（一）查询方式

采集系统运行管理－SIM 卡管理－运行情况分析－在用率统计，（1－SIM 卡在用率）。

管控关键在于控制新建档 SIM 卡数量以及对 SIM 卡的及时分拣报废工作两个方面。

（二）考核管控对象

地市/县区级采集班组。

（三）指标可能出现差错的情况及原因

（1）由于新申请 SIM 卡建档后长期未使用，数量累计多后导致 SIM 卡闲置数量超标。

（2）由于 SIM 卡未及时分拣、报废，导致在用 SIM 卡总数较大，使 SIM 卡闲置率较高。

三、查询管控及典型案例

图 1－47 中“在用 SIM 卡数量”包括的 SIM 卡状态为“绑定待装”“领出待装”“使用中”“运行”等状态，即在使用中的状态。而“闲置”SIM 卡的状态为“待分流”“合格在库”“已发放”等。

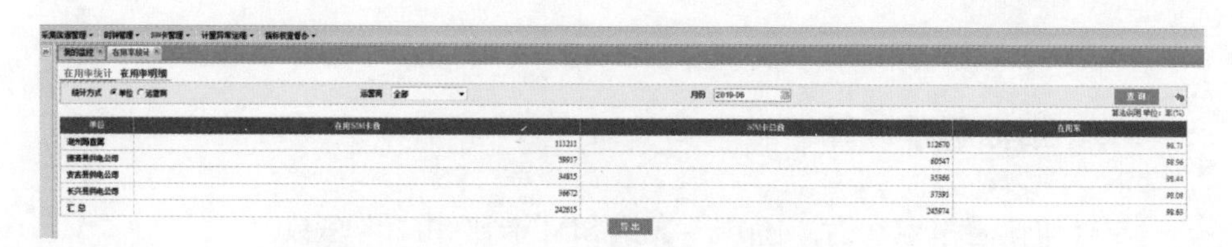

图 1－47 “在用 SIM 卡数量”

在实际日常管控中为提高 SIM 卡的使用率，降低闲置率，可从以下两方面入手重点管控：

（1）控制新申请、建档的 SIM 卡数量，尽可能使实际使用数量符合实际需求计划。

（2）对于拆回、报废的 SIM 卡应及时进行分拣处置、每日进行，避免闲置卡数量的积增。

第二章　营销业务管理平台应用

第一节　平台建设背景

近年来，国家电网有限公司先后建设了营销业务应用系统、用电信息采集系统、客服中心95598业务应用、营销稽查监控等系统，能够较好地支撑计算类、交易类和业务过程等基础业务层操作。但是，随着政府监管和公司内部运营监管对营销业务管理提出了更高的要求；客户对电力营销优质服务诉求的不断提高，亟需强大的营销服务能力予以保障；且公司各省（市）营销管理水平尚不均衡，急需将优秀的管理模式进行复制及推广。因此，需建设一个支撑营销业务决策、执行、监督、考核的闭环管理平台，即营销业务管理平台。

第二节　系统架构及功能

营销业务管理平台的建设旨在搭建覆盖各级营销业务管理的工作质量监管、服务质量监督、经营风险防范的平台，建立数字化、精益化、专业化的营销管理模型，实现纵向管理到底、横向高度集成的营销全过程、全方位透明管控，推进管理方式、工作方式转变，全面提升营销管理能力和服务水平。通过“数据一致性比对、数据核查和稽查主题”三大模块核验规则不断完善功能。

一、数据一致性比对

（一）一次性比对的概念

一次性比对是基于营销基础数据平台数据核查区，根据预设的一致性比对规则，对多数据源的数据进行信息差值比对和差量比对，定期抽取数据并在营销业务管理平台实现一次性比对异常数据展示的数据校验方式。

通过 OGG 方式（一种数据库数据传输方式）将计量生产调度平台、用电信息采集系统、营销业务应用三个系统的数据实时同步至营销基础数据平台缓存区（见图 2-1），缓存区各系统数据库账号分别为营销业务应用 cacher01、用电信息采集 cacher02、计量生产调度平台 cacher03。

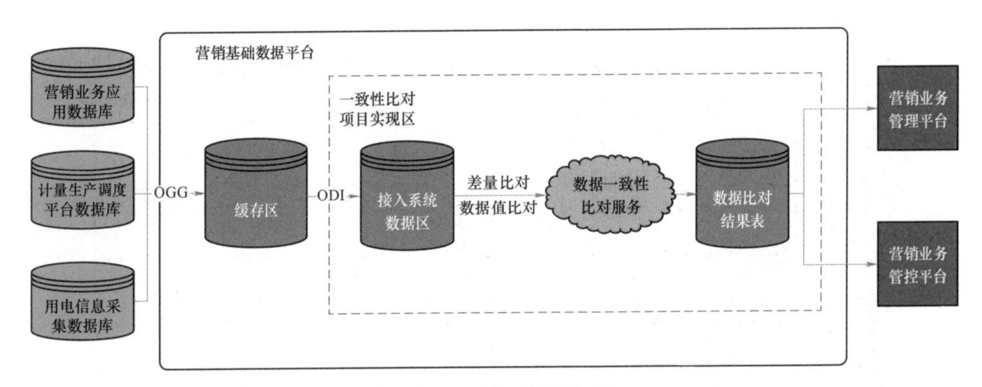

图 2-1　基础数据平台

差值比对是对源端系统和比对段系统的计量资产全字段信息进行分析比较，主要表现形式为数据差异，即源端系统和比对端系统设备资产某一字段的信息不一致。

差值比对内容如图 2-2 所示。

COMPARE_	DIFF_T	COMPARE_	OTAL_ERR_	DATA_SOURC	DATA_TARGE	TABLE_NAME
差值比对	数据差异	20171001	243130	营销系统	MDS	电能表信息
差值比对	数据差异	20171001	51303	营销系统	MDS	互感器信息
差值比对	数据差异	20171001	161439	营销系统	MDS	负控设备信息
差值比对	数据差异	20171001	4	MDS	营销系统	库房信息
差值比对	数据差异	20171001	73	MDS	营销系统	库区信息
差值比对	数据差异	20171001	303	营销系统	采集系统	变压器
差值比对	数据差异	20171001	12	营销系统	采集系统	台区
差值比对	数据差异	20171001	57	营销系统	采集系统	用电客户
差值比对	数据差异	20171001	8	营销系统	采集系统	电能表信息
差值比对	数据差异	20171001	62	营销系统	采集系统	采集对象
差值比对	数据差异	20171001	513	营销系统	采集系统	采集点
差值比对	数据差异	20171001	1286	营销系统	采集系统	运行终端
差值比对	数据差异	20171001	158	营销系统	采集系统	线路台区关系

图 2-2　差值比对内容

差量比对是将源端系统和比对段系统的计量资产全字段信息进行分析比

较，主要表现形式有两种：① 数据丢失，即源端系统有某一字段资产信息，比对端系统无该字段资产信息；② 数据冗余，即源端系统无某一字段资产信息，比对端系统有该字段资产信息。

差量比对的内容如图 2－3 所示。

COMPARE	DIFF T	COMPARE	OTAL ERR	DATA SOURC	DATA TARGE	TABLE NAME
差量比对	数据丢失	20170922	9844	营销系统	MDS	电能表信息
差量比对	数据冗余	20170922	15000	营销系统	MDS	电能表信息
差量比对	数据丢失	20170922	410	营销系统	MDS	互感器信息
差量比对	数据冗余	20170922	24	营销系统	MDS	互感器信息
差量比对	数据丢失	20170922	8002	营销系统	MDS	负控设备信息
差量比对	数据冗余	20170922	1488	营销系统	MDS	负控设备信息
差量比对	数据丢失	20170922	26839	营销系统	MDS	封印信息
差量比对	数据冗余	20170922	85709	营销系统	MDS	封印信息
差量比对	数据丢失	20170922	266	MDS	营销系统	库房信息
差量比对	数据冗余	20170922	7	MDS	营销系统	库房信息
差量比对	数据丢失	20170922	653	MDS	营销系统	库区信息
差量比对	数据冗余	20170922	77	MDS	营销系统	库区信息
差量比对	数据冗余	20170922	234	营销系统	采集系统	变压器
差量比对	数据冗余	20170922	2	营销系统	采集系统	台区
差量比对	数据冗余	20170922	36985	营销系统	采集系统	采集对象
差量比对	数据冗余	20170922	3269	营销系统	采集系统	运行终端
差量比对	数据冗余	20170922	4	营销系统	采集系统	受电点
差量比对	数据冗余	20170922	407	营销系统	采集系统	线路台区关系
差量比对	数据冗余	20170922	12	营销系统	采集系统	变电站线路关系
差量比对	数据冗余	20170922	6479	营销系统	采集系统	采集用户关系
差量比对	数据冗余	20170922	6709	营销系统	采集系统	采集计量关系

图 2－3　差量比对内容

（二）一次性比对数据整治规则

（1）规则 1：最重要的原则，以实际现场或实物核查情况为准。

（2）规则 2：出现批量差量比对异常的情况，数据冗余和数据缺失的情况，首先分析数据项是否为垃圾数据，再进行相关操作。一般设备资产信息类核查的规则是为空的信息以非空的信息进行补充。

（3）规则 3：出现批量差值比对异常的情况，数据差异遵循相关原则进行整改，如资产信息遵循何处建档以何处为准、通过其他资产信息判断等。

（4）规则 4：涉及量、价、费的一次性比对异常必须进行现场或者实物核查。

（5）规则 5：所有的一次性比对异常都必须在生产库中进行整改。

二、数据核查

（一）数据核查功能介绍

1. 基本概念

如图 2-4 所示，数据核查功能首先进行数据采集，即根据核查业务要求把营销、计量、用采数据通过 OGG 复制方式同步到基础数据平台。然后进行异常数据生产，根据具体业务要求（营销与计量对比、营销与用采对比、业务数据不合理、营销数据关键字段缺失等）编制对应核查规则，基于基础数据平台进行通过存储过程生成异常数据。最后作数据处理，通过 ETL 工具把基础数据平台异常数据同步到 sybase 数据库（稽查数据展示库），再由稽查系统下发工单整改。

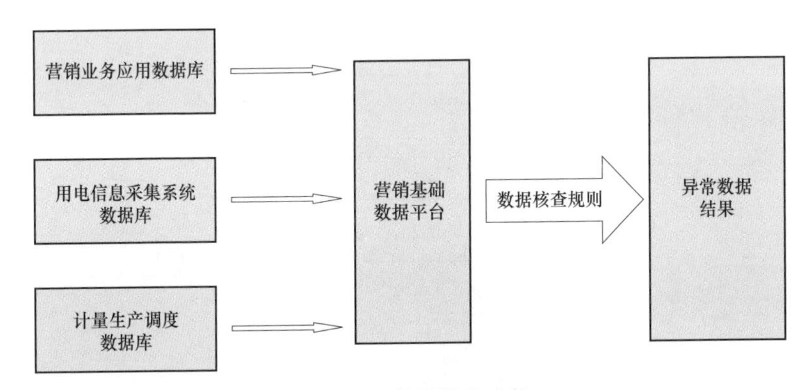

图 2-4　数据核查功能

2. 数据核查功能的特点

（1）核查范围：营销系统、用电信息采集系统、计量生产调度系统。

（2）核查手段：自动化闭环核查。定期生成异常数据，派发工单至基层整改。

（3）核查跟踪：系统一键式复核，工单在线跟踪。

（二）核查规则分类

1. 核查类别

核查类别分为空值核查、数据逻辑核查、时间逻辑核查、标准代码核查、数据一致性核查、关键字段重复性核查六类。

2. 数据核查流程

数据核查工单流程如图 2－5 所示，主要包含工单生成、工单处理、核查整改和核查结果审核四个主要步骤，如图 2－6～图 2－8 所示。

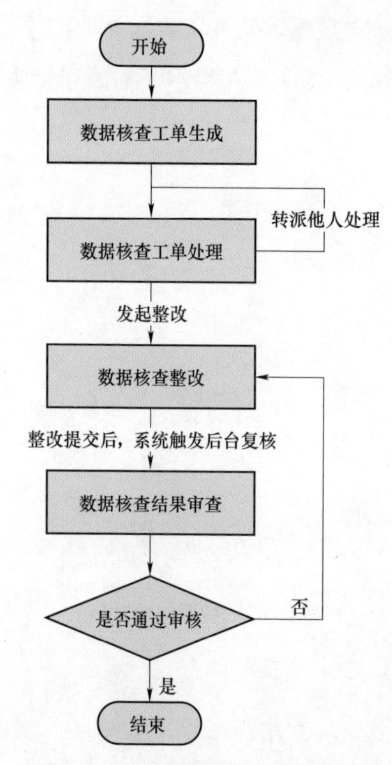

图 2－5　数据核查工单流程图

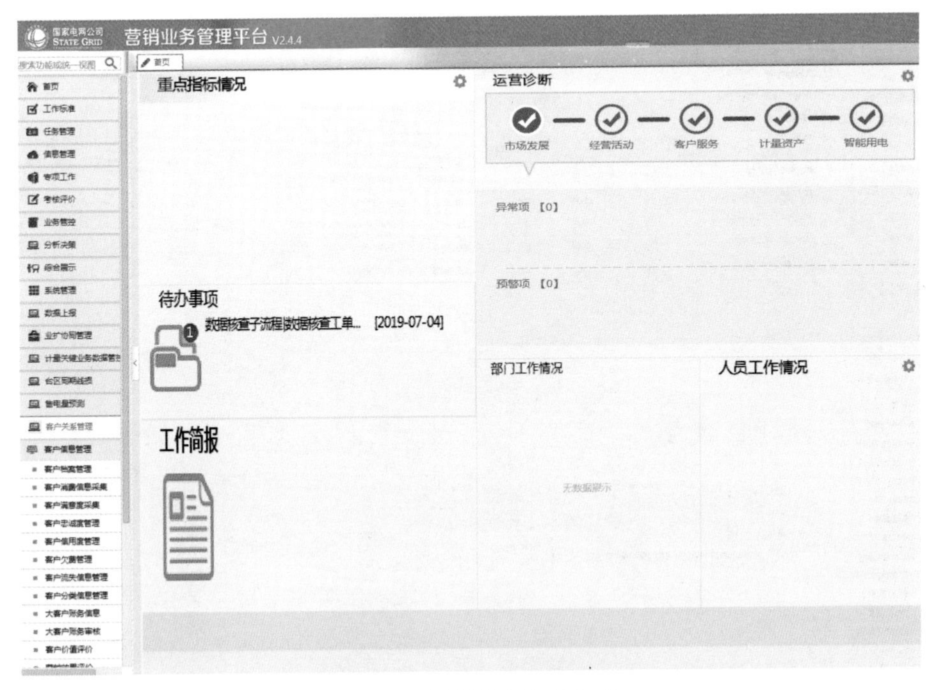

图 2-6　数据核查工单生成

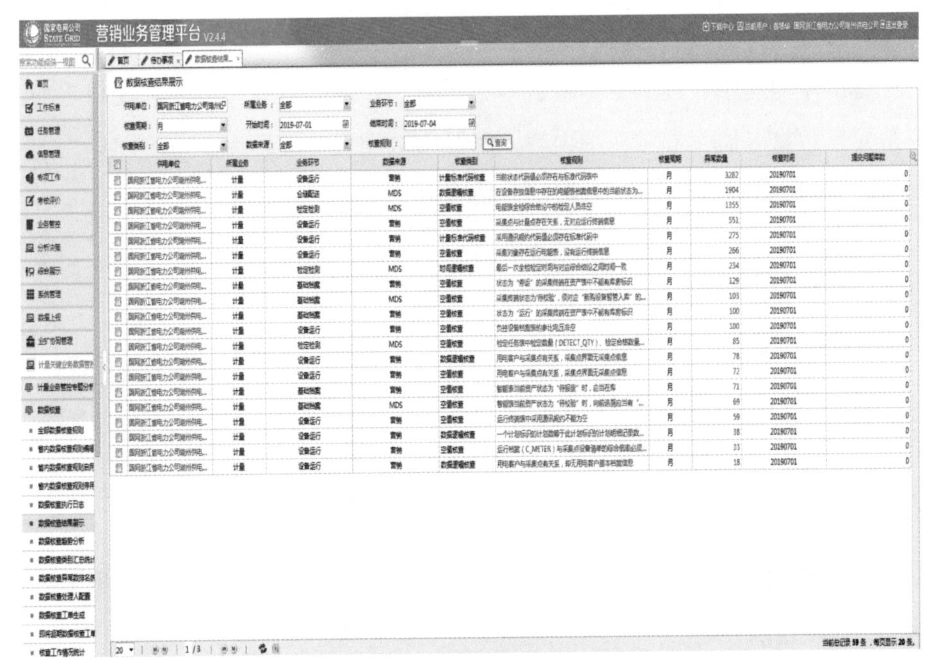

图 2-7　数据核查工单处理

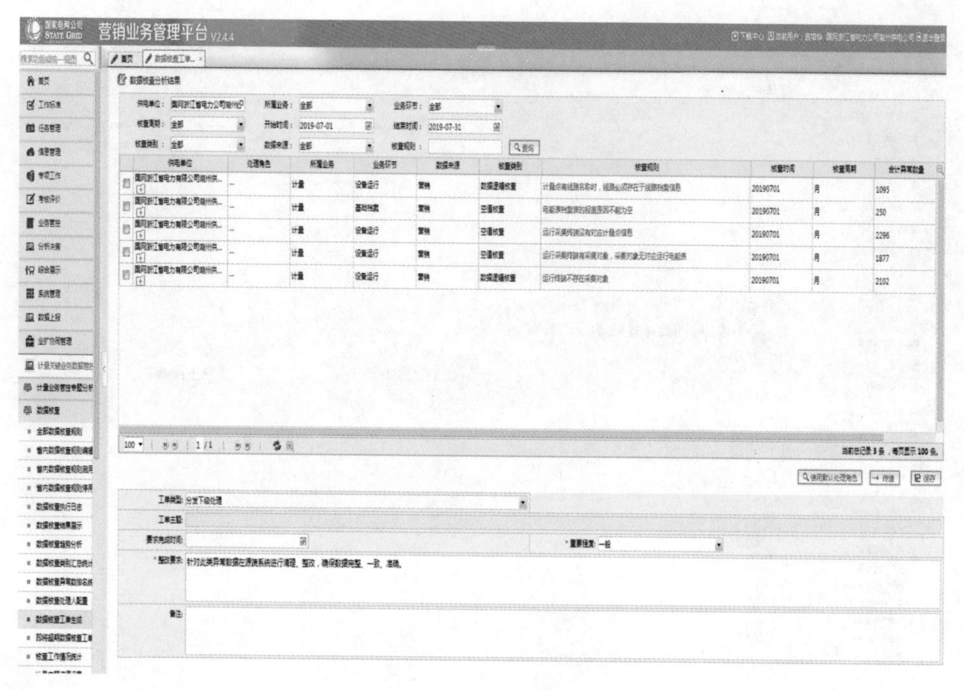

图 2-8　数据核查整改

3. 数据核查结果展示

点击左侧菜单，展示数据核查结果；点击页面核查规则，展示规则明细；点击异常数量，展示异常明细内容，将异常数据提交问题库。

（三）数据核查中问题数据的来源分析

数据核查中问题数据的来源主要有：

（1）数据迁移入时未核验，将垃圾数据导入。

（2）各省公司标准代码与国网管控要求存在差异。

（3）历史档案有差错。

（4）业务操作过程中录入不严谨。

（5）源系统后台数据修改时未考虑周全，联动引起。

三、稽查主题

稽查主题如图 2-9 所示，其中：

（1）计量主题：每月进行数据抽取整改，保证明细数据准确完整。根据具体主题规则的要求，通过存储过程生成主题数据，整改数据汇总显示数字和明细合计数据一致，完成整改后，通过业务管控和任务管理菜单下发主题工单。

（2）一致性比对：通过定时任务，根据业务要求比较营销、MDS、采集之间数据一致性，如有问题协调三方进行数据抽取等。

（3）数据核查：涉及平常考核的内容，核查数据生成、工单下发处理审核等。

（4）辅助功能：关于一些配置信息。

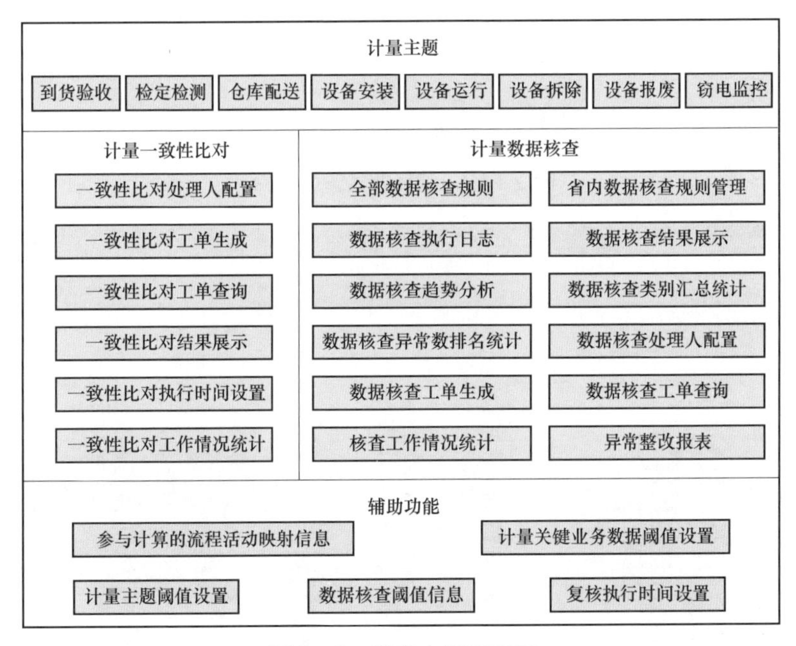

图 2-9 稽查主题示意图

（一）计量业务管控专题分析

计量业务管控专题分析查询方式：如图 2-10 所示，在营销业务管理平台点击业务管控→异常处理→异常分析，“开始时间”选择当月 1 日，“监控层级”改为省，进行当月的计量主题分析查询。再点击异常指标名称对应的异常数量，勾选所有明细，提交问题库，如图 2-11 所示。

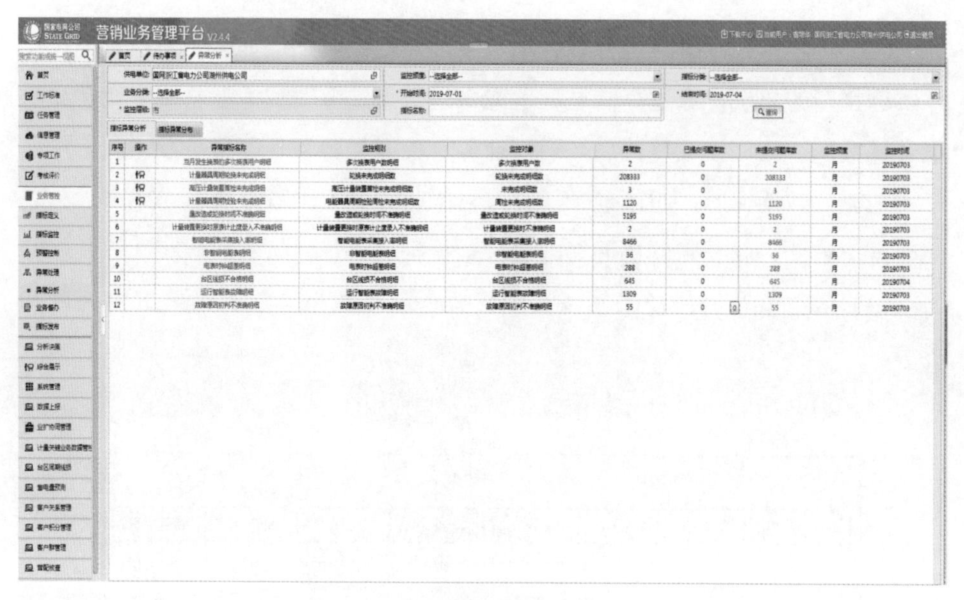

图 2-10　营销业务管理平台

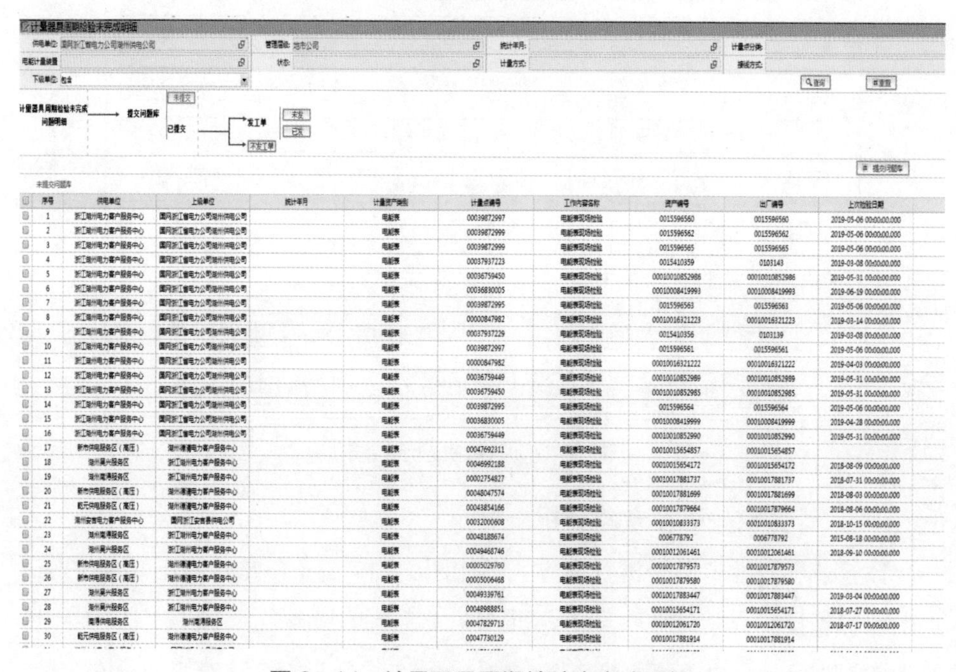

图 2-11　计量器具周期检验未完成明细

（二）计量业务管控工单生成

如图 2－12 所示，在营销业务管理平台点击任务管理→工单生成，勾选地市单位，完善带“*”内容填充，保存→传递，完成工单下发。

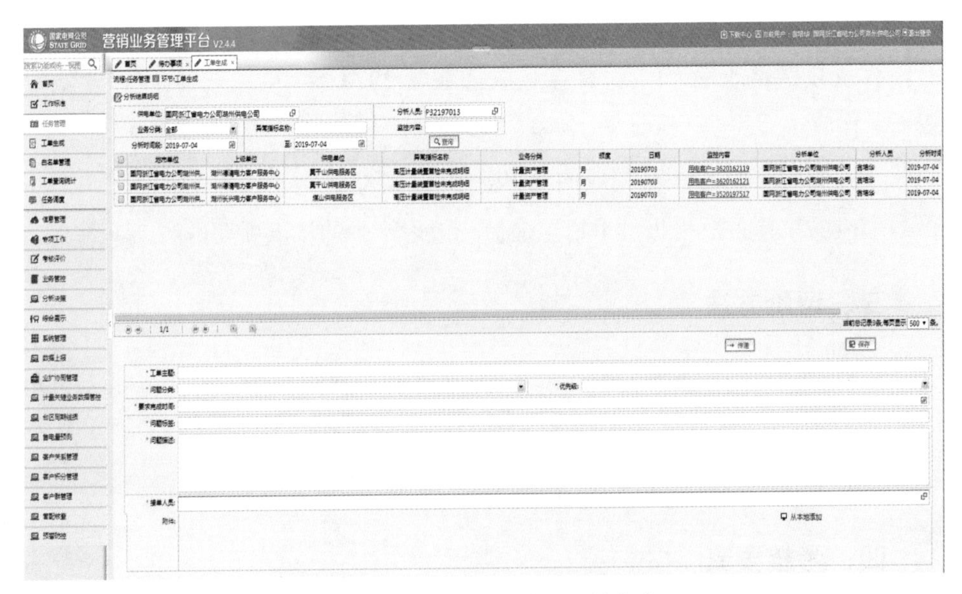

图 2－12　计量业务管控工单生成

第三节　考核指标解释

通过对异常指标的多维分析及数据挖掘发现的异常，准确定位问题，生成及派发核查任务，生成核查工单进行处理，实现整个核查任务工作流的闭环管理。清理整改系统存量异常数据，监控核查新增业务数据质量，即降低存量数据，防止新增数据，有效提升计量业务精准管控能力。

一、指标名称

营销业务管理平台应用情况。

二、定义和计算方法

营销业务管理平台应用情况定义为：存量数据整改率×50%+工单完成率×50%。

其中：

存量数据整改率=1－现有存量数据数量/2020 年 1 月 1 日统计存量数量）×100%;

已完成的主题工单数/生成的工单总数×100%

生成的工单总数为每月1日至最后一天内产生的核查周期内的工单总数。

三、评价方法

（1）存量数据整改率大于90%不扣分，50%～90%扣10分，0～50%扣20分，低于0的扣30分。

（2）主题工单未完成扣10分。

四、考核要素

（1）当月是否发起地市级数据核查工单和计量关键指标工单。

（2）工单是否存在超期完成或超期未完成的情况。

（3）异常数据整改率的提升。

注：整改率是以当年1月1日的存量数据为基准来进行计算。

第三章　用电信息采集系统建设运维管理

第一节　用电信息采集全覆盖

一、专变用户采集覆盖率

（一）定义及计算方法

（1）定义：专变用户采集覆盖率指采集点方案正确的专变用户占专变总用户数的百分比。

（2）查询路径：统计查询→报表管理→日常监控指标。

（3）指标要求：专变用户采集覆盖率应达到100%。

（二）处理方法

按照采集系统统计查询→采集建设情况→采集覆盖情况→用户采集覆盖率统计路径，点击覆盖用户明细，选择合适节点、用户类型等信息查询，根据查询结果逐条分析，如图3－1所示。

图3－1　专变用户覆盖明细查询界面

根据查询到的户号，在营销系统内综合业务查询→业扩查询→客户档案管理→客户信息统一视图中查询采集点信息和计量点信息是否存在缺失，采集对象中的资产编号和计量装置中的电能表信息是否一致，缺失或不一致则发起流程修改。

（三）典型案例

系统中存在专变用户3620163544未覆盖，见图3－2所示。

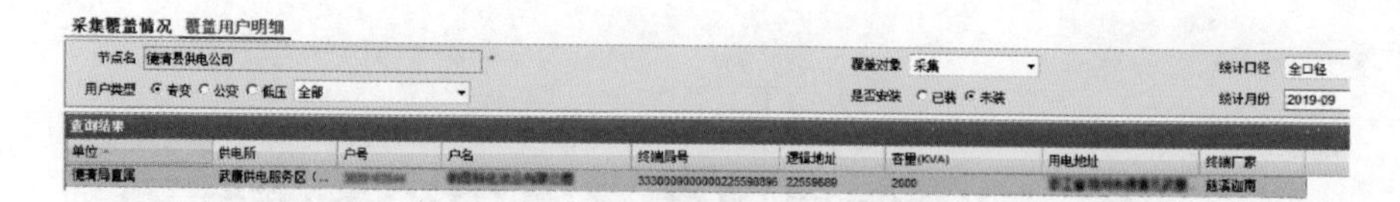

采集覆盖情况　覆盖用户明细

节点名：德清县供电公司　覆盖对象：采集　统计口径：全口径

用户类型：专变　公变　低压　全部　是否安装：已装　未装　统计月份：2019-09

查询结果

单位	供电所	户号	户名	终端局号	逻辑地址	容量(KVA)	用电地址	终端厂家
德清局直属	武康供电服务区（...	[illegible]	[illegible]	333000900000225598896	22559689	2000	[illegible]	慈溪迦南

图 3-2　系统中存在专变用户 3620163544 未覆盖

查询采集档案，如图 3-3 所示，当前表计为 3330001000100233684513，终端 3330009000000225598896。

终端档案：

终端局号：	3330009000000225598896	逻辑地址：	22559889	SIM卡号：	1440404268661
终端状态：	运行	终端类型：	专变终端	规约类型：	GDW376.1V2013
采集方式：	FDD-LTE/TD-LTE+RS485	终端厂家：	慈溪迦南	安装日期：	2019-07-24
接线方式：	三相三线	通讯端口号：	2		

表计档案：

表计局号：	3330001000100233684513	表计状态：	运行	接线方式：	三相三线
CT：	30	PT：	100	自身倍率：	1
规约：	DL/T698.45	通讯地址：	010023368451	计量方式：	高供高计
表计厂家：	烟台东方维思顿电气有限公司	电表类别：		电表类型：	
额定电流：	1.5(6)A	额定电压：	3x100V	是否参考表：	否
综合倍率：	3000	到货批次：	2619052714457401		
批次属性：					

图 3-3　查询采集档案

查询营销计量点采集点信息，结果为终端信息一致，表计档案缺失。需发起营销流程更新采集点对应表计信息，如图 3-4 所示。

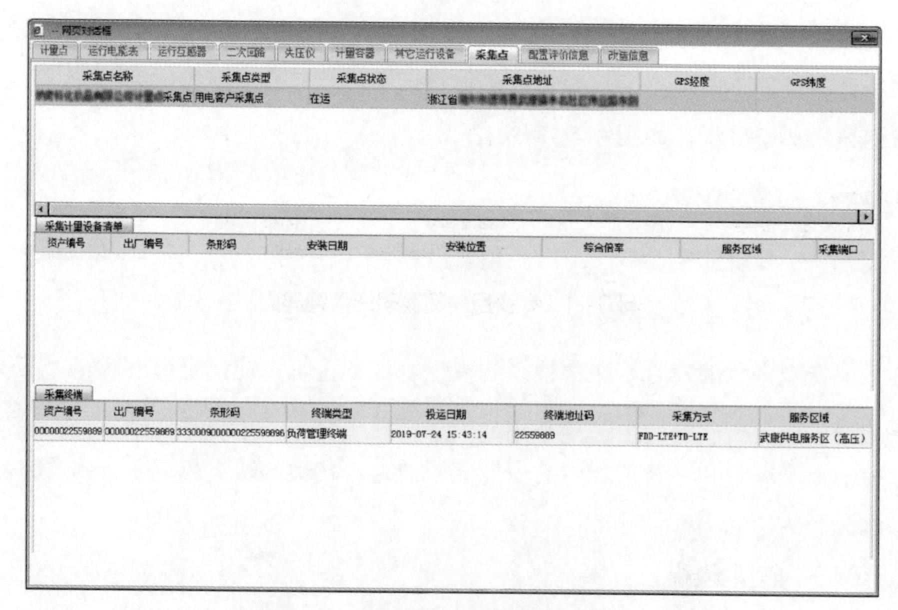

-- 网页对话框

计量点　运行电能表　运行互感器　二次回路　失压仪　计量容器　其它运行设备　采集点　配置评价信息　改造信息

采集点名称	采集点类型	采集点状态	采集点地址	GPS经度	GPS纬度
[illegible]采集点	用电客户采集点	在运	浙江省[illegible]		

采集计量设备清单

资产编号	出厂编号	条形码	安装日期	安装位置	综合倍率	服务区域	采集端口

采集终端

资产编号	出厂编号	条形码	终端类型	投运日期	终端地址码	采集方式	服务区域
00000022559889	00000022559889	3330009000000225598896	负荷管理终端	2019-07-24 15:43:14	22559889	FDD-LTE+TD-LTE	武康供电服务区（高压）

图 3-4　查询营销计量点采集点信息

二、低压用户采集覆盖率

（一）定义及计算方法

（1）定义：低压用户采集覆盖率指采集点方案正确的低压用户占低压总用户数的百分比。

（2）查询路径：统计查询→报表管理→日常监控指标。

（3）指标要求：低压用户采集覆盖率应在99.5%以上。

（二）处理方法

按照采集系统统计查询→采集建设情况→采集覆盖情况→用户采集覆盖率统计路径，点击覆盖用户明细，选择合适节点、用户类型选择低压，根据查询结果逐条分析。处理方法同专变用户采集覆盖率，如图3－5所示。

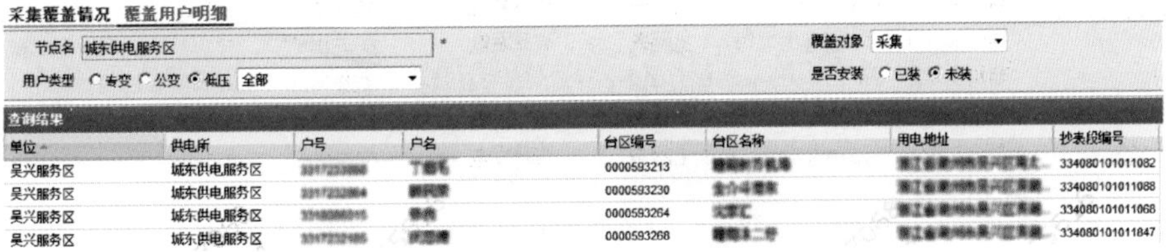

图3－5　低压用户覆盖明细查询界面

三、分布式电源用户采集覆盖率

（一）定义及计算方法

（1）定义：分布式电源用户采集覆盖率指采集点方案正确的分布式电源用户占分布式电源总用户数的百分比。

（2）查询路径：统计查询→报表管理→日常监控指标。

（3）指标要求：分布式电源用户采集覆盖率应达到99.5%以上。

（二）处理方法

在采集系统高级应用→重点用户监测→分布式电源接入统计中选择分布式电源接入明细，覆盖情况选择未覆盖，根据查询结果逐条分析，如图3－6所示。

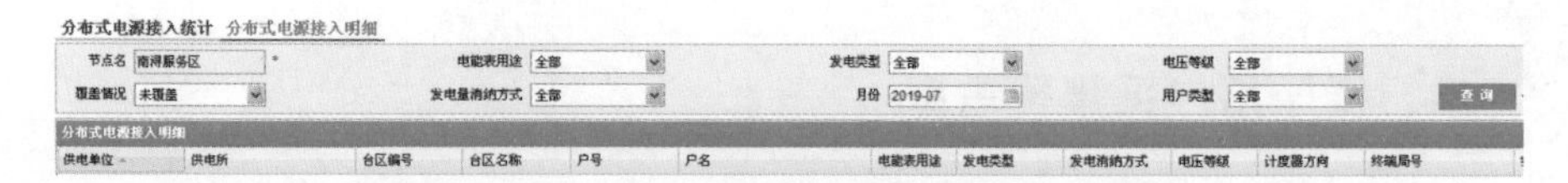

图3-6　分布式电源用户覆盖明细查询界面

根据查询到的户号、电能表用途及表计局号（表计局号用于确认对应的采集点、计量点），在营销系统内综合业务查询→业扩查询→客户档案管理→客户信息统一视图中查询采集点信息和计量点信息是否存在缺失，采集对象中的资产编号和计量装置中的电能表信息是否一致。如果信息都正确，有可能是由于近期用电户号下做过改类流程，用电户号和发电户号信息不同步造成的，需要在发电户号下做分布式电源改类处理，如图3-7所示。

户号	户名	电能表用途	发电类型	电压等级	表计局号
3360[illegible]	湖州[illegible]	发电表	光伏发电	交流10kV	3330[illegible]
3360[illegible]	湖州[illegible]	上网表	光伏发电	交流10kV	3330[illegible]
3360[illegible]	[illegible]	上网表	光伏发电	交流[illegible]	3310[illegible]
3360[illegible]	湖州[illegible]			交流10kV	3330[illegible]
3330[illegible]	浙江[illegible]	上网表	光伏发电	交流380V	3330[illegible]
0003[illegible]	浙江[illegible]	上网表	光伏发电	交流10kV	3330[illegible]

同一户号下，可能有多个表计对应多个计量点

图3-7　同一户号下多个表计对应多个计量点

（三）典型案例

系统中存在分布式电源用户 3330272800 未覆盖，对应表计局号 3330001000100227654843，如图3-8所示。

户号	户名	电能表用途	发电类型	电压等级	表计局号
333[illegible]	[illegible]	发电表	光伏发电	交流380V	3330[illegible]
333[illegible]	[illegible]	发电表	光伏发电	交流220V	3330[illegible]
333[illegible]	[illegible]	发电表	光伏发电	交流220V	3330[illegible]
333[illegible]	[illegible]	发电表	光伏发电	交流220V	3330[illegible]

图3-8　系统中存在分布式电源用户 3330272800 未覆盖

查营销和采集系统内均有对应的采集点信息，如图3-9、图3-10所示。

查关联的用电户号之前做过计量装置故障流程，表计 3330001000100229934349 换为表计 3330001000100227654843，如图3-11所示。

在营销系统用电户号下做的换表流程会造成采集系统发电户号后台档案与营销不一致，造成未覆盖，需在发电户号下重新发起分布式改类同步档案，

如图 3－12 所示。

序号	采集点编号	采集点名称	采
1	0025251035	（光伏）	南车斗

采集点编号	计量点编号	电能表编号	采集端口	电能表编号	出厂编号
0025251035		8100000030257840	2	00010022765484	00010022765484

图 3－9　查营销系统内对应的采集点信息

日期	局号(终端/表计)	正向有功总(kWh)	←尖	←峰	←平	←谷	反向有
2019-10-22	3330001000100227654843(表计)	0.19	0	0.06	0	0.13	594.35
2019-10-21	3330001000100227654843(表计)	0.18	0	0.06	0	0.12	535.88
2019-10-20	3330001000100227654843(表计)	0.16	0	0.05	0	0.11	471.14
2019-10-19	3330001000100227654843(表计)	0.15	0	0.05	0	0.1	405.1

图 3－10　查采集系统内对应的采集点信息

申请编号	流程编号	流程名称	开始时间	完成时间
191010969500	302	计量装置故障	2019-10-10 15:09:59	2019-10-14 08:25:25
190614000863	102	低压非居民新装	2019-06-14 08:33:22	2019-06-25 15:37:28
190614001261	502	10（6）kV分布式光伏项目新装	2019-06-14 08:31:39	2019-06-26 14:38:25

图 3－11　查关联的用电户号之前做过计量装置故障流程

申请编号	流程编号	流程名称	开始时间
191022282809	509	分布式电源改类	2019-10-22 13:51:27
190614001261	502	10（6）kV分布式光伏项目新装	2019-06-14 08:31:39

图 3－12　营销系统发起分布式改类流程

四、非统调电厂用户采集覆盖率

（一）定义及计算方法

（1）定义：非统调电厂用户采集覆盖率指采集点方案正确的非统调电厂用户占非统调电厂总用户数的百分比。

（2）查询路径：统计查询→报表管理→日常监控指标。

（3）指标要求：非统调电厂用户采集覆盖率应达到 99.9%。

（二）处理方法

在采集系统高级应用→重点用户监测→非统调电厂管理→非统调电厂采集监测内导出清单。处理方法同专变用户采集覆盖率，如图 3－13 所示。

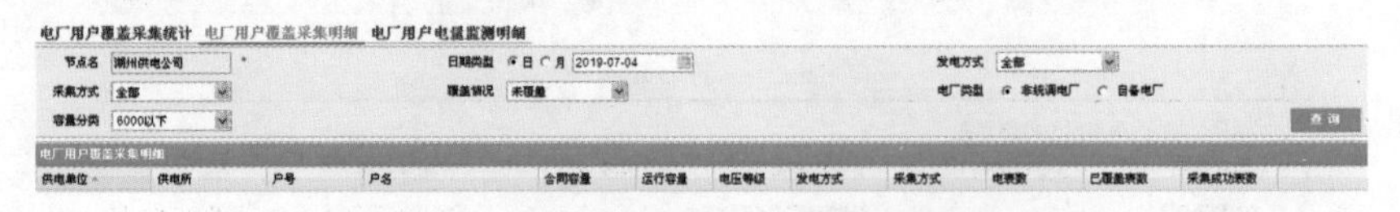

图 3－13　非统调电厂用户覆盖明细查询界面

五、业扩新增用户智能电能表和采集覆盖率

（一）定义及计算方法

（1）定义：业扩新增用户智能电能表和采集覆盖率指新增用户有采集点方案的占业扩新增总用户数的百分比。

（2）查询路径：统计查询→报表管理→日常监控指标。

（3）指标要求：业扩新增用户智能电能表和采集覆盖率达到 100%。

（二）处理方法

在采集系统统计查询→运维辅助查询→自定义查询→自定义查询页面，查询编号 4141，导出新增用户和智能表同时覆盖的历史月未覆盖清单，如图 3－14 所示。

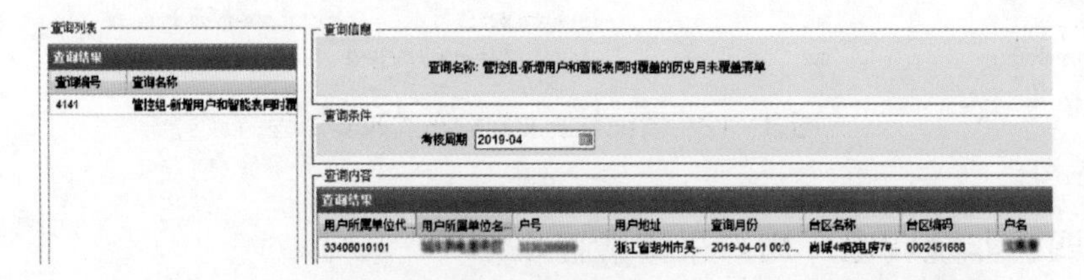

图 3－14　新增用户和智能表同时覆盖的历史月未覆盖清单查询界面

根据查询到的户号，在营销系统内综合业务查询→业扩查询→客户档案管理→客户信息统一视图中查询采集点信息和计量点信息是否存在缺失，采集对象中的资产编号和计量装置中的电能表信息是否一致，计量装置中的电能表是否为智能电能表。

（三）典型案例

根据采集系统自定义查询 4141，用户 3330266669 存在新增用户和智能电能表同时覆盖的历史月未覆盖情况，对应表计局号 3330001000100203185248，如图 3－15 所示。

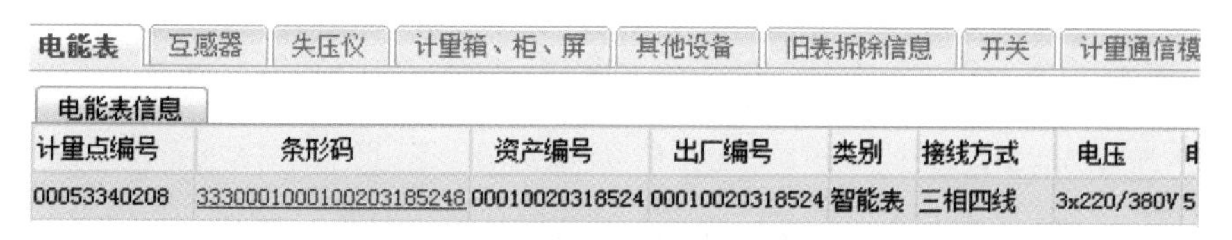

电能表 | 互感器 | 失压仪 | 计量箱、柜、屏 | 其他设备 | 旧表拆除信息 | 开关 | 计量通信模

电能表信息

计量点编号	条形码	资产编号	出厂编号	类别	接线方式	电压	电
00053340208	3330001000100203185248	00010020318524	00010020318524	智能表	三相四线	3x220/380V	5

图 3－15　查询营销系统计量点信息

营销内查询该表已为智能电能表，查采集点方案发现为空。发起营销流程处理，如图 3－16 所示。

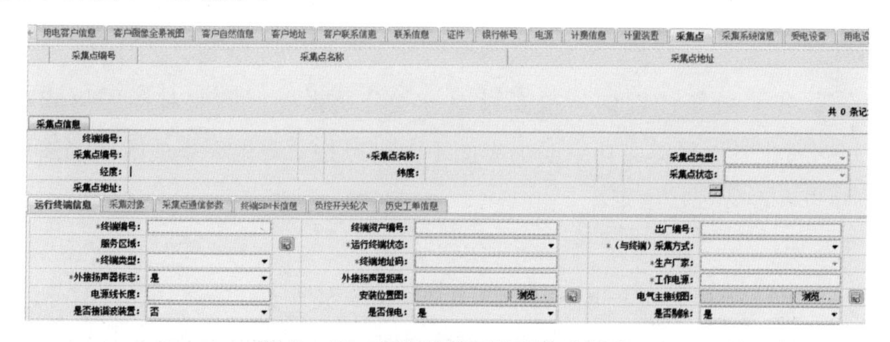

图 3－16　查询营销系统采集点信息

第二节　日均采集成功率

一、全用户日均采集成功率

（一）定义及计算方法

（1）定义：全用户采集成功率=Σ 采集成功点数/应采集点数×100%－采集模式调整分值。

采集模式调整分值=Ⅱ型集中器模式占低压用户采集比例×0.1%。

其中，专变用户应采集每日正反向电量和最大需量、每 15min 负荷共 99 组数据项；低压用户按照每日采集 1 组正向电量统计，分布式电源增加每日上网电量、发电电量、每小时上网负荷、发电负荷。包含采集未覆盖用户，不含已接入采集系统但运行标识为“停运”状态的电能表和采集终端。

（2）查询路径：统计查询→报表管理→日常监控指标。

（3）指标要求：日均采集成功率应在 99.35%以上。

（二）处理方法

该指标主要控制两个方面：① 提升采集成功点数在应采集点数中的比重，减少漏点的发生；② 减少采集模式调整分值，即减少Ⅱ型集中器模式占低压用户采集比例。

提升采集成功点数在应采集点数中的比重方面，需对每日出现的采集异常及时处理。

在采集系统统计查询→报表管理→省公司报表→同业对标采集成功率（新）→同业对标采集成功率明细界面下，可以按日查询采集失败明细清单，针对缺失数据开展运维工作，如图 3－17、图 3－18 所示。

同业对标采集成功率统计　同业对标采集成功率趋势　同业对标采集成功率明细

节点名 浙江湖州电力客户服务　日期 2019-04-02　类型 专

同业对标采集成功率明细

日期	供电单位	供电所	户号	户名	用户地址
2019-04-02	湖州供电公司	湖州局直属	[illegible]	[illegible]	浙江[illegible]
2019-04-02	湖州供电公司	湖州局直属	[illegible]	[illegible]	浙江[illegible]
2019-04-02	湖州供电公司	湖州局直属	[illegible]	[illegible]	浙江[illegible]
2019-04-02	湖州供电公司	湖州局直属	[illegible]	[illegible]	浙江[illegible]
2019-04-02	湖州供电公司	湖州局直属	[illegible]	[illegible]	浙江[illegible]
2019-04-02	湖州供电公司	湖州局直属	[illegible]	[illegible]	浙江[illegible]

图 3－17　同业对标采集成功率查询界面左半部分

专变　统计口径 全口径　查询

终端局号	测量点局号	是否已装	电量采集点数	电量应有点数	负荷采集点数	负荷应有点数
3310121009900139811530	[illegible]	已安装	0	1	96	96
3330009000000166711866	[illegible]	已安装	1	1	94	96
3310121009900139811509	[illegible]	已安装	1	1	43	96
3330009000000178806352	[illegible]	已安装	1	1	73	96
3330009000000171550184	[illegible]	已安装	1	1	94	96
3310121009900139811615	[illegible]	已安装	1	1	38	96

图 3－18　同业对标采集成功率查询界面右半部分

二、载波模式用户日均采集成功率

（一）定义及计算方法

（1）定义：载波模式用户日均采集成功率=Σ 载波模式采集成功点数/载波模式应采集点数×100%。

（2）查询路径：统计查询→报表管理→日常监控指标。

（3）指标要求：载波模式日均采集成功率应在 99%以上。

（二）处理方法

该指标为日均指标，需对每日出现的采集异常及时处理。

在采集系统基本应用→数据采集管理→采集质量分析→采集成功率→采集成功率明细界面下，选择用户大类为低压，终端类型为Ⅰ型集中器，可以查询载波模式用户采集失败明细清单，针对缺失数据开展运维工作，如图 3－19 所示。

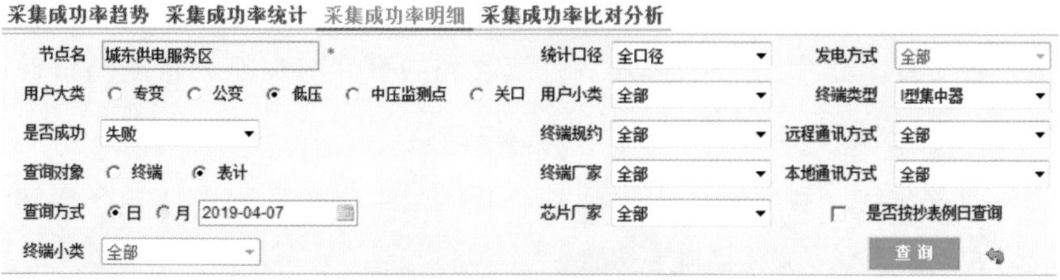

图 3－19　载波模式用户采集失败查询界面

三、全量采集成功率

（一）定义及计算方法

（1）定义：全量采集成功率=专变用户全量采集成功率×0.3+低压三相用户全量采集成功率×0.1+低压单相用户全量采集成功率×0.2+B、C 类电压监测点采集成功率×0.2+重要事件上报率×0.2。

（2）指标要求：

1）按照国网全量数据采集方案抽取，全量采集成功率达到 99.35%。

2）B、C 类电压监测点采集成功率应为 99.8%。

3）重要事件上报率（过流、开表盖、恒定磁场干扰、电能表清零等）应为 100%。其中过流、开表盖、电能表清零事件（单相、三相电能表）中，分子为（2013 版电能表挂接 2013 版终端）+（2013 版电能表挂接面向对象终端）+（面向对象规约电表挂接 2013 版终端）+（面向对象规约电表挂接面向对象终端）且有对应主动上报记录的数量。分母为（2013 版电能表挂接 2013 版终端）+（2013 版电能表挂接面向对象终端）+（面向对象规约电表挂接 2013 版终端）+（面向对象规约电表挂接面向对象终端）的数量。

恒定磁场干扰事件（只计算三相电能表）中，分子为（2013 版三相电能表挂接 2013 版终端）+（2013 版三相电能表挂接面向对象终端）+（面向对象规约三相电表挂接 2013 版终端）+（面向对象规约三相电表挂接面向对象终端）且有对应主动上报记录的数量。分母为（2013 版三相电能表挂接 2013 版终端）+（2013 版三相电能表挂接面向对象终端）+（面向对象规约三相电表挂接 2013 版终端）+（面向对象规约三相电表挂接面向对象终端）的数量。

4）各事件上报率分子中必须将主站收到的事件与电能表召测的事件进行对比，且主站收到事件的当天进行电能表召测对比：

① 两者对比一致，默认上报成功。若满足上报条件的表计和终端同一事件当月内上报多次，分子算 1 分母算 1。

② 若当月满足上报条件的表计和终端确实无上报事件，分子分母默认均为 1。

③ 两者对比不一致，主站未收到，但召测电能表事件有记录的，默认分子为 0，分母为 1。

④ 两者对比不一致，主站有收到，但当天电能表事件三次以上均未召回，默认未上报成功。分子算 0，分母算 1。

5）全量采集成功率月平均值大于 99.35%。

（二）处理方法

目前全量采集率统计查询界面在采集系统统计查询→报表管理→国网报表→国网全量采集成功率界面下，如图 3－20 所示。

采集成功率月统计　各数据项采集成功率　全量数据统计　全量数据明细

用户类型 ⊙专变 ○公变 ○低压 三相　数据类型 电能数据　数据项 日冻结正向有功总　数据日期 2019-05-08

统计维度 地区　查询

数据项	供电单位	数据时间	终端数量	用户数量	电表总数	应抄数	成功数	失败数	成功率
日冻结正向有功总电能示值	湖州局直属	2019-05-08	122	71	8581	8436	8357	79	99.06
日冻结正向有功总电能示值	德清县供电公司	2019-05-08	3878	3752	3856	3845	3816	29	99.25
日冻结正向有功总电能示值	安吉县供电公司	2019-05-08	3359	3162	3232	3213	3196	17	99.47
日冻结正向有功总电能示值	长兴县供电公司	2019-05-08	4042	3922	3918	3898	3885	13	99.67
日冻结正向有功总电能示值	长广配售电公司	2019-05-08	99	97	88	88	86	2	97.73
日冻结正向有功总电能示值	汇总	2019-05-08	11500	11004	19675	19480	19340	140	99.28

图 3-20　国网全量采集成功率查询界面

正确选择用户类型、数据类型、数据项、数据日期等参数后进行查询，点击失败数，能查询失败明细，对采集失败用户进行处理。

重要事件上报率在采集系统统计查询→报表管理→日常监控指标中。点击数据，能查询到失败明细，如图 3-21 所示。对清单中表计相应事件记录与终端上报事件记录进行比对，比较事件类型与时间是否一致。

查询方式 ⊙月份 2019-05

序号	单位	重要事件上报率			
		过流事件上报率	开表盖事件上报率	恒定磁场干扰事件上报率	电能表清零事件上报率
1	湖州局直属	100	100	100	100
2	吴兴服务区	97.22	92.69	92.18	93.84
3	南浔服务区	95.42	92.36	91.9	92.95
4	德清县供电公司	94.35	92.72	90.14	92.96
5	安吉县供电公司	97.41	95.03	94.56	95.31
6	长兴县供电公司	98.13	95.93	96.77	97.16
7	汇总	96.79	93.91	92.99	94.62

(a)

过流事件上报率

供电单位	供电所	户号	终端局号	终端规约	表计局号
德清局直属	新市供电服务区	[illegible]	3310121006100142109737	GDW376.1	[illegible]
德清局直属	乾元供电服务区	[illegible]	3310121024600141336630	GDW376.1	[illegible]
德清局直属	新市供电服务区	[illegible]	3310121024600141335336	GDW376.1	[illegible]
德清局直属	新市供电服务区	[illegible]	3330009000000182508815	GDW376.1	[illegible]
德清局直属	武康供电服务区	[illegible]	3330009000000182511242	GDW376.1	[illegible]
德清局直属	武康供电服务区	[illegible]	3310121024600141336135	GDW376.1	[illegible]

(b)

图 3-21　重要事件上报率查询及明细清单

（a）重要事件上报率查询；（b）失败明细清单

B、C 类电压监测点采集成功率见第四节 B、C 类电压监测点采集。

（三）典型案例

3520113259 开表盖事件上报失败，如图 3-22 所示。

序号	单位	重要事件上报率		日均采集成功率
		过流事件上报率	开表盖事件上报率	
1	湖州局直属	100	100	
2	吴兴服务区	100	100	
3	南浔服务区	99.99	100	
4	德清县供电公司	99.98	100	
5	安吉县供电公司	99.97	99.98	
6	长兴县供电公司	99.99	99.98	
7	汇总	99.99	99.99	

开表盖事件上报率

供电单位	供电所	户号	终端局号	终端规约
长兴局直属	泗安供电服务区	3520113×××	3310121006100142096952	GDW376.1
长兴局直属	城东供电服务区	3520106×××	3310121006100142096785	GDW376.1
长兴局直属	煤山供电服务区	3518913×××	3330009000000160175169	GDW376.1
长兴局直属	城北供电服务区	3518653×××	3310121025100144138839	GDW376.1
长兴局直属	煤山供电服务区	3518912×××	3310121025100144139188	GDW376.1
长兴局直属	泗安供电服务区	3520113×××	3310121006100142097478	GDW376.1
长兴局直属	城东供电服务区	3518709×××	3310121006100142097218	GDW376.1

图 3-22　3520113259 开表盖事件上报失败

中继表计上 1 次开表盖记录，显示表计近期确实有开表盖，判断可能为终端上报事件失败，如图 3-23 所示。

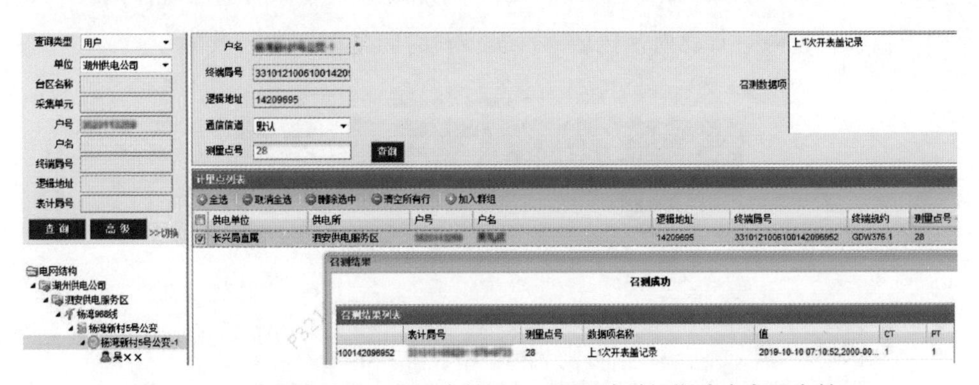

图 3-23　中继表计上 1 次开表盖记录，显示表计近期确实有开表盖

召测终端告警屏蔽设置，点击召测结果，有效性事件栏和重要性事件栏中均无对应的开盖记录项，如图 3-24 所示。选中中间的事件栏中的开盖记录项，点击左右两侧的箭头加入有效性事件栏和重要性事件栏，选择下方投入键进行投入。

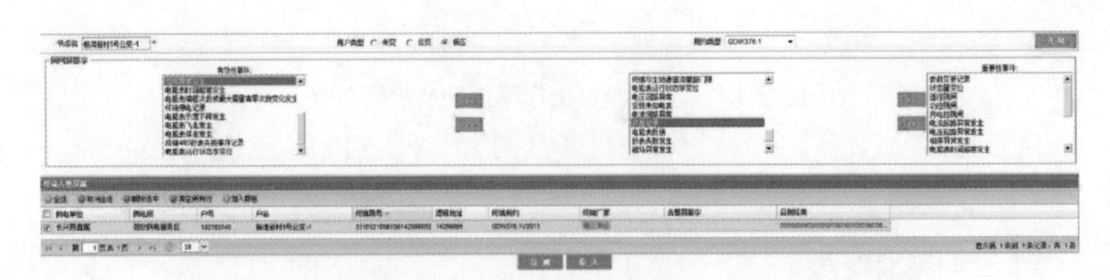

图 3-24　有效性事件栏和重要性事件栏中均无对应的开盖记录项

第三节 SIM 卡使用情况

一、SIM 卡闲置率

(一) 定义及计算方法

(1) 定义：SIM 卡闲置率=（1－在用 SIM 卡数/SIM 卡总数）×100%

其中，在用 SIM 卡指已绑定终端，且近一周内有流量或短信通信的 SIM 卡。

已知的停电终端（根据营销档案或停电事件，含一路电源用电、另一路电源停电的停电 SIM 卡）从分子分母中减除。

在用 SIM 卡数按采集系统档案统计，如营销重新绑定但未同步到采集系统，则采集系统展示的是老的终端 SIM 卡关系。

(2) 查询路径：统计查询→报表管理→日常监控指标。

(3) 指标要求：SIM 卡闲置比例不大于 2%。

(二) 处理方法

在日常监控指标中，点击 SIM 卡闲置率数据，查询闲置清单，如图 3－25 所示。

序号	单位	SIM卡使用情况	
		SIM卡闲置率	SIM卡资产档案差错率(‰)
1	湖州局直属	1.15	
2	吴兴服务区		0.3
3	南浔服务区		0.19
4	德清县供电公司	0.89	0.14
5	安吉县供电公司	1.51	0.39
6	长兴县供电公司	1.79	0.59
7	汇总	1.24	0.29

图 3－25 SIM 卡闲置率统计界面

闲置的 SIM 卡资产状态主要有合格在库、待分流和已发放三种，如图 3－26 所示，根据 SIM 卡当前状态结合 SIM 卡实际情况进行绑定或报废处理。

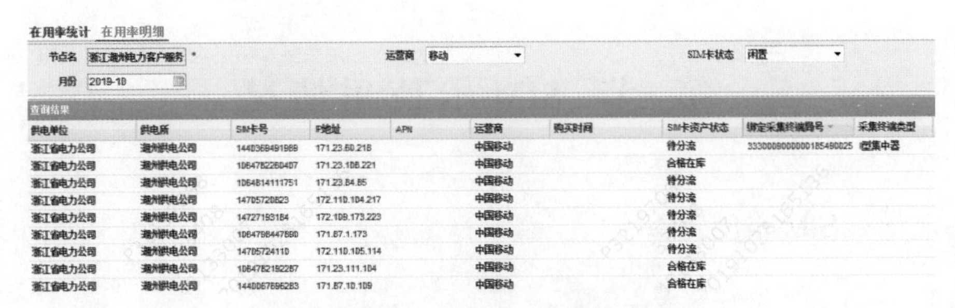

在用率统计　在用率明细

节点名：浙江湖州电力客户服务　运营商：移动　SIM卡状态：闲置

月份：2019-10

查询结果

供电单位	供电所	SIM卡号	IP地址	APN	运营商	购买时间	SIM卡资产状态	绑定采集终端局号	采集终端类型
浙江省电力公司	湖州供电公司	1440368491989	171.23.60.218		中国移动		待分流	3330008000000185490025	I型集中器
浙江省电力公司	湖州供电公司	1064782260407	171.23.108.221		中国移动		合格在库		
浙江省电力公司	湖州供电公司	1064814111751	171.23.84.85		中国移动		待分流		
浙江省电力公司	湖州供电公司	14705720823	172.110.104.217		中国移动		待分流		
浙江省电力公司	湖州供电公司	14727193184	172.109.173.223		中国移动		待分流		
浙江省电力公司	湖州供电公司	1064798447890	171.87.1.173		中国移动		待分流		
浙江省电力公司	湖州供电公司	14705724110	172.110.105.114		中国移动		待分流		
浙江省电力公司	湖州供电公司	1064782192287	171.23.111.104		中国移动		合格在库		
浙江省电力公司	湖州供电公司	1440067696283	171.87.10.109		中国移动		合格在库		

图 3-26　闲置 SIM 卡查询界面

（三）典型案例

SIM 卡 1064814111751 当前状态为待分流，查营销系统发现已于 2019 年 6 月 25 日解绑，如图 3-27 所示。

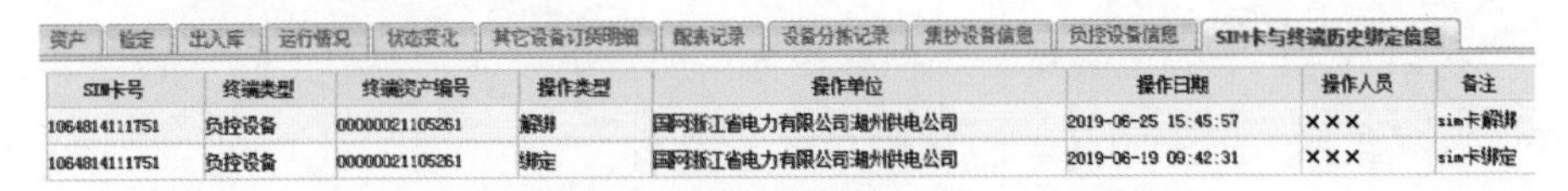

资产 | 检定 | 出入库 | 运行情况 | 状态变化 | 其它设备订货明细 | 配表记录 | 设备分拣记录 | 集抄设备信息 | 负控设备信息 | SIM卡与终端历史绑定信息

SIM卡号	终端类型	终端资产编号	操作类型	操作单位	操作日期	操作人员	备注
1064814111751	负控设备	00000021105261	解绑	国网浙江省电力有限公司湖州供电公司	2019-06-25 15:45:57	×××	sim卡解绑
1064814111751	负控设备	00000021105261	绑定	国网浙江省电力有限公司湖州供电公司	2019-06-19 09:42:31	×××	sim卡绑定

图 3-27　营销系统 SIM 卡资产历史绑定信息查询

目前资产仍在对应的供电所，联系供电所进行重新绑定使用或报废。

二、SIM 卡资产档案正确率

（一）定义及计算方法

（1）定义：SIM 卡资产档案正确率=运行终端现场 SIM 卡档案与营销档案不一致数/运行终端总数。

（2）查询路径：统计查询→报表管理→日常监控指标。

（3）指标要求：月统计值不应高于 1‰。

（二）处理方法

营销系统自定义查询 08543，根据导出清单在采集系统内核实上报 SIM 卡的 IP 不一致情况是否属实。确实不一致的，进行现场更换或在营销系统内更正对应关系，再在采集系统基本应用→档案管理→档案同步界面下进行终端档案同步。

（三）典型案例

自定义查询 08543 显示终端 3330009000000224953542，现场召测 IP 为 172.247.21.76，对应的 SIM 卡卡号 14549809519，如图 3-28 所示。

采集系统终端局号(现场信息)	终端类型（现场）	现场召测IP地址（现场信息）	终端状态（现场）	召测IP地址对应的移动运营商给出的SIM卡号（运营商提供的档案）	现场召测IP对应的营销系统SIM卡卡号（营销档案）
3330009000000224953542	负荷控制终端	172.247.21.76	运行	14549809519	14549809519
3330009000000163255172	低压采集终端	171.46.11.167	停运	1064726668604	1064726668604

图 3-28　自定义查询 08543 采集系统召测 IP 绑定终端与营销系统绑定终端不一致清单

查询报文中的来源地址，确实为 172.247.21.76，如图 3-29 所示。

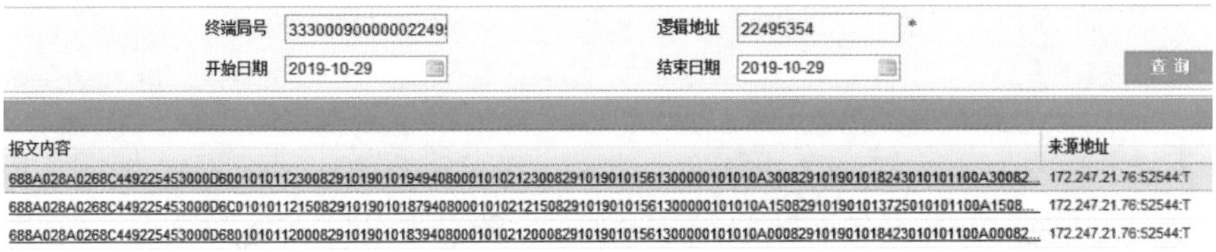

终端局号 33300090000002249
逻辑地址 22495354
开始日期 2019-10-29
结束日期 2019-10-29
查询

报文内容	来源地址
688A028A0268C449225453000D600101011230082910190101949408000101021230082910190101561300000101010A30082910190101824301010110OA30082...	172.247.21.76:52544:T
688A028A0268C449225453000D6C0101011215082910190101879408000101021215082910190101561300000101010A15082910190101372501010110OA1508...	172.247.21.76:52544:T
688A028A0268C449225453000D680101011200082910190101839408000101021200082910190101561300000101010A00082910190101842301010110OA00082...	172.247.21.76:52544:T

图 3-29　查询报文中的来源地址

查询营销档案，终端 3330009000000224953542 营销系统中绑定的 SIM 卡为 1440369490878，对应 IP 为 172.247.21.76，如图 3-30 所示。

其他设备资产查询
*设备类别：SIM卡　SIM卡号：1440369490878
手机号码：
*单位名称：
通讯商：
SIM卡类别：
到货批次：
串号：
其它设备
顺序号
1
-- 网页对话框
资产　检定　出入库　运行情况　状态变化　其它设备订货明细　配表记录　设备分拣记录　集抄设备信息　负控设备信息　SIM卡与终端历史绑定信息
其它设备
产权单位：　生产批次：　设备类别：SIM卡
设备单价：　状态：运行　储位标识：
条形码：　合同标识：　接收标识：4622184212
所在单位：　SIM卡类别：gprs　通讯商：中国移动
行政区域：5772　计费方式：包月　用途：负控终端用
SIM卡号：1440369490878　手机号码：　IP地址：171.87.18.93
流水号：653101　APN(接入点名称)：ZJDL.ZJ　串号：898604361118C1098271

图 3-30　查询营销档案

根据现场实际，将终端 3330009000000224953542 与 SIM 卡 14549809519 进行绑定，并同步采集系统中的终端档案，更新采集系统终端对应 SIM 信息。

第四节　B、C 类电压监测点采集

一、B、C 类电压监测点采集终端数据采集完整率

（一）定义及计算方法

（1）定义：B、C 类电压监测点采集终端数据采集完整率=ΣB、C 类电压监

测点采集成功点数/B、C 类电压监测点应采集点数×100%。

（2）查询路径：统计查询→报表管理→日常监控指标。

（3）指标要求：B、C 类电压监测点采集终端数据采集完整率应在99.8%以上。

（二）处理方法

该指标为日均指标，需对每日出现的采集异常及时处理。

在采集系统统计查询→报表管理→省公司报表→同业对标采集成功率（新）→同业对标采集成功率明细界面下，选择类型为bc类监测点，如图3－31所示，可以按日查询采集失败明细清单，针对缺失数据开展运维工作，运维方法同专变用户采集运维。

图3－31　B、C类监测点失败明细查询界面

二、B、C类电压监测点采集终端故障处理时限

（一）定义及计算方法

（1）定义：B、C 类电压监测点采集终端故障处理时限=ΣB、C 类电压监测点采集异常处理时限/B、C 类电压监测点采集异常个数×100%。

（2）查询路径：统计查询→报表管理→日常监控指标。

（3）指标要求：B、C 类电压监测点采集终端故障处理时限不超过 1 天。

（二）处理方法

采集系统统计查询→报表管理→日常监控指标中，B、C 类电压监测点采集 B、C 类电压监测点采集终端故障平均处理时限（见图 3－32）处的数字支持链接功能。

点击图 3－32 上数字处，显示 B、C 类电压监测点采集终端故障平均处理时限清单，如图 3－33 所示。

B、C类电压监测点采集	
B、C类电压监测点采集终端数据采集完整率	B、C类电压监测点采集终端故障平均处理时限
99.92	
99.66	2
98.94	

图 3-32　B、C 类电压监测点采集终端故障处理时限统计界面

B、C类电压监测点采集终端故障处理时限

测点名称	测点类型	户号	终端局号	发生时间	归档日期	处理时限	故障id	工单号
建设银行	C	3315326634	3330009000000152058593	2018-11-27 05:24:36		2	13204144	33A3181127866126

图 3-33　B、C 类电压监测点采集终端平均故障处理时限清单

在采集运维闭环管理→采集异常运维→采集异常待办中支持根据户号及工单号、监测点类别进行查询，如图 3-34 所示，对查询到的工单进行运维处理。

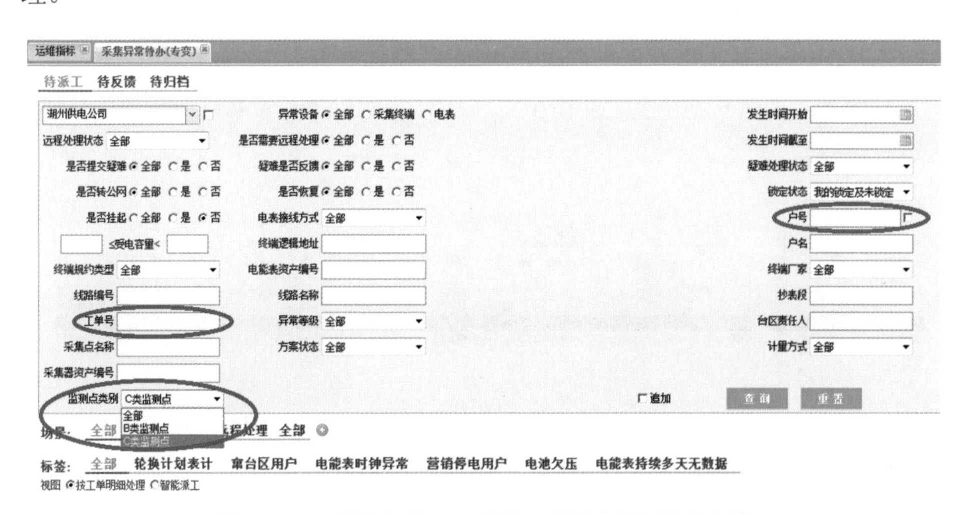

图 3-34　根据户号及工单号、监测点类别进行查询

由于该指标要求在一个工作日内完成归档，时间上要求较为严苛，所以要求平时做好用户数据采集完整率的监测，在用户发生数据缺失时就分析原因并处理，尽量减少 B、C 类电压监测点故障产生。已生成异常的，在当日安排故障处理、异常反馈。对需提交白名单和更换计量设备的，当日完成审批和流程归档。

第五节　电能表时钟异常换表率

一、电能表时钟异常换表率

（一）定义及计算方法

（1）定义：电能表时钟异常换表率=当月归档电能表时钟异常换表数/当月归档电能表时钟异常发生数×100%。

（2）查询路径：统计查询→报表管理→日常监控指标。

（3）指标要求：对发生时钟异常的电能表，应先进行远程及现场对时，不能直接通过换表解决。电能表时钟异常换表率不超过 10%。

（二）处理方法

远程对时功能在采集系统→运行管理→时钟管理→新时钟管理→电表时钟状态明细界面下，如图 3－35 所示，方式有广播对时、单表对时、加密对时、一键对时等。

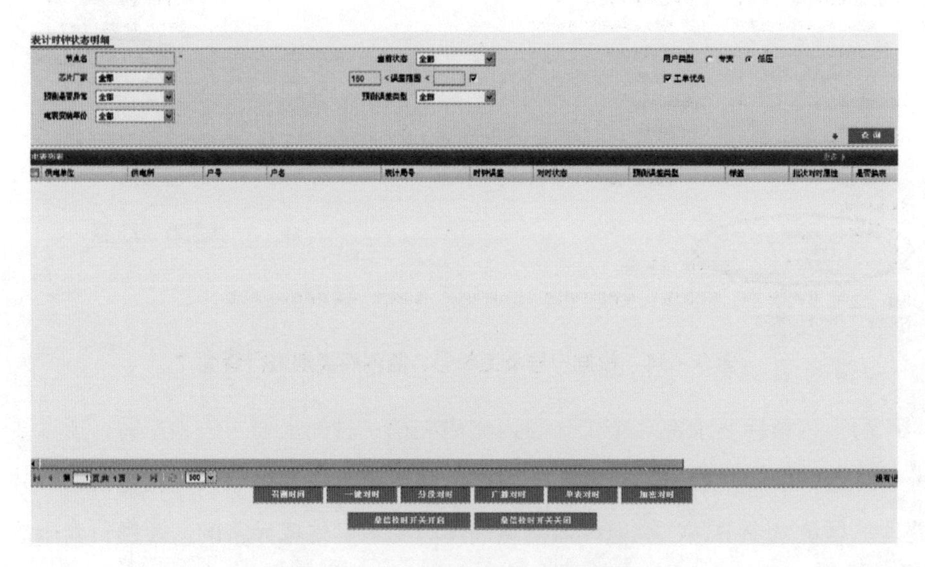

图 3－35　电表时钟状态明细界面

对时完成后会形成相应的对时记录，如图 3－36 所示。

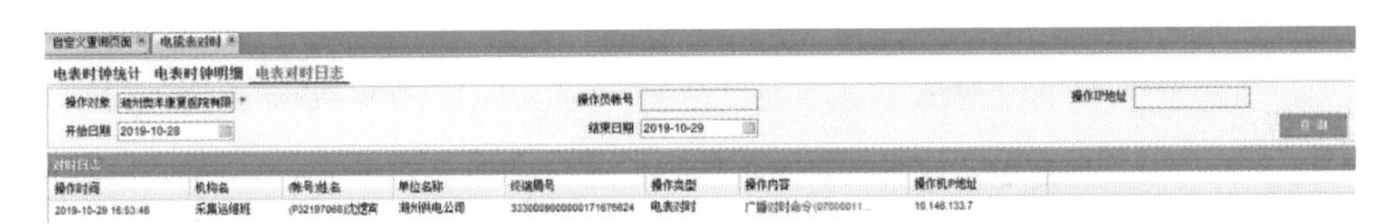

图 3－36　对时记录

电能表时钟异常换表率是对电能表发生时钟异常后是否盲目换表进行考核，要求应先进行远程及现场对时。电能表时钟异常未完成对时操作即进行换表的，会在电力用户用电信息采集系统→统计查询→运维辅助查询→自定义查询页面形成电能表时钟异常换表前未对时明细，如图 3－37 所示。

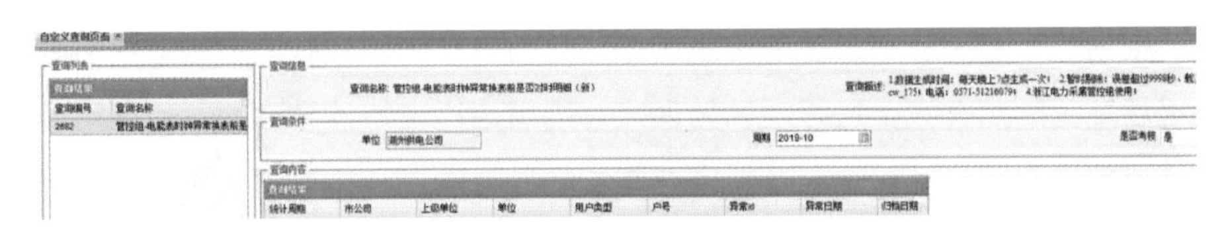

图 3－37　电能表时钟异常换表前未对时明细

对误差超过 9998s、载波用户；对电池失压表计可剔除考核。

第六节　换表后的空电量、零电量

一、换表后的空电量

（一）定义及计算方法

（1）定义：用户换表后新表示数无法按时上报称为换表后空电量。

（2）查询路径：统计查询→报表管理→专项监控指标。

（3）指标要求：未进行现场排查确认原因或工作不到位引起的换表后连续 7 天以上空电量，按数量进行考核。

（二）处理方法

在日常监控采集系统→统计查询→运维辅助查询→自定义查询→自定义查询页面，查询编号 2661，查询名称为管控组－换表后空电量预警（新），查询每日换表后空电量预警，如图 3－38 所示。

查询信息

查询名称：管控组-换表后空电量预警（新）　查询描述：1.数据生成时间：每日早上7点更新数 51216079； 3.浙江电力采集管控组例

查询条件

单位 浙江湖州电力客户服务

查询内容

查询结果

单位	单位名称	户号	用户类型	换表时间	旧表计	新表计	操作员ID	预警天数
隅直属	××服务区	3330101×××	专变	2019-04-11	33408010202000...	33300010001001...	P32191538	5
隅直属	××供电服务区	3317096×××	低压	2019-04-12	33408010287000...	33300010001002...	P32815279	4
隅直属	××供电服务区	3315560×××	低压	2019-04-13	33408010221000...	33300010001002...	P32810224	3
隅直属	××供电服务区	3317230×××	低压	2019-04-15	33408010824001...	33300010001002...	P32810078	1
隅直属	××供电服务区	3317153×××	低压	2019-04-15	33408010178000...	33300010001002...	P32810332	1

图 3-38　查询换表后空电量预警

对预警清单应及时处理，预警天数超过 7 天的，会转入考核清单。

根据户号和表计信息在采集系统中确认新表计无法按时上报示数的原因，需现场处理的安排人员进行现场处理。对因用户用电特性导致的，如备用线路未通电等无法恢复的情况，及新表存在故障导致需二次换表解决的问题，应及时向管控部门报备申请剔除考核。

二、换表后的零电量

（一）定义及计算方法

（1）定义：用户换表后新表示数为零称为换表后零电量。

（2）查询路径：统计查询→报表管理→专项监控指标。

（3）指标要求：换表后连续 7 天以上零电量，且未进行现场排查确认原因或工作不到位引起的，按数量进行考核。

（二）处理方法

在日常监控采集系统→统计查询→运维辅助查询→自定义查询→自定义查询页面，查询编号 2644，查询名称为管控组 – 换表后空零电量预警（新），查询每日换表后零电量预警，如图 3 – 39 所示。

对清单应及时处理，通过系统召测反向电量，查看用户负荷情况，判断是否错接线或计量设备故障。

（三）典型案例

户号 3330203010 换表后零电量异常，如图 3 – 40 所示。

查询信息
查询名称：管控组-换表后空/零电量（新）
查询描述：1.数据生成时间：每日早上7点更新数据，7点30分后可查询，每日更新一次；2.维护人cw_175、cw_178；3.浙江电力采集管控组使用；

查询条件
单位 湖州供电公司　是否反馈 全部　异常类型 全部
周期 2019-07　用户类型 全部　异常状态 全部

查询内容
查询结果

表计厂家	异常状态	新表计	调试日期	装出日期	备注	抄表段	操作员	单位代码
[illegible]	未恢复	33300010001002...	2019-03-15	2019-03-11		334082001103151	[illegible]	3340820011
[illegible]	未恢复	33300010001002...	2019-06-11	2019-06-11		334082001064213	[illegible]	3340820010
[illegible]	未恢复	33300010001002...	2019-06-18	2019-06-17		334081001613081	[illegible]	3340810016
[illegible]	未恢复	33101010207010...	2019-06-17	2014-11-03		334080101050422	[illegible]	334080101
[illegible]	未恢复	33300010001002...	2019-05-27	2019-05-27		334082001036041	[illegible]	3340820010
[illegible]	未恢复	33300010001002...	2019-06-14	2019-06-14		334080101001323	[illegible]	3340801010
[illegible]	未恢复	33300010001002...	2019-06-19	2019-06-14		334082001036265	[illegible]	3340820010
[illegible]	未恢复	33300010001002...	2019-06-26	2019-06-26		334080101001323	[illegible]	3340801010
[illegible]	未恢复	33300010001001...	2019-03-20	2019-03-15		334082001103244	[illegible]	3340820011
[illegible]	未恢复	33300010001002...	2019-06-13	2019-06-12		334081001613047	[illegible]	3340810016
[illegible]	未恢复	33300010001002...	2019-05-22	2019-05-21		334082001072039	[illegible]	3340820010
[illegible]	未恢复	33300010001002...	2019-03-28	2019-03-28		334083001505926	[illegible]	3340830015
[illegible]	未恢复	33300010001002...	2019-04-24			334081001613105	[illegible]	3340810016
[illegible]	未恢复	33300010001002...	2019-04-09	2019-04-09		334081001613047	[illegible]	3340810016
[illegible]	未恢复	33300010001002...	2019-05-31	2019-05-31		334082001072043	[illegible]	3340820010
[illegible]	未恢复	33300010001002...	2019-05-08	2019-05-08		334082001072022	[illegible]	3340820010
[illegible]	未恢复	33300010001002...	2019-04-17	2019-04-16		334082001044017	[illegible]	3340820010
[illegible]	未恢复	33300010001002...	2019-06-25			334080101011903	[illegible]	3340801010

第 1 页共 1 页　30　显示第 1 条到 18 条记录，共 18 条
查询

图 3-39　查询换表后零电量预警

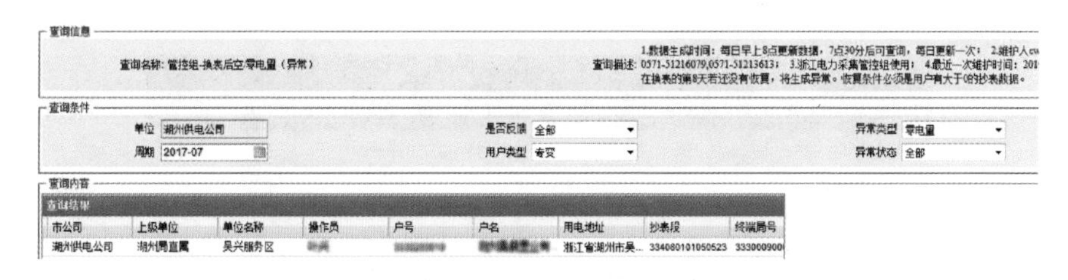
查询信息
查询名称：管控组-换表后空/零电量（异常）
查询描述：1.数据生成时间：每日早上8点更新数据，7点30分后可查询，每日更新一次；2.维护人cw 0571-51216079,0571-51213613；3.浙江电力采集管控组使用；4.最近一次维护时间：201 在换表的第8天若还没有恢复，将生成异常。恢复条件必须是用户有大于0的抄表数据。

查询条件
单位 湖州供电公司　是否反馈 全部　异常类型 零电量
周期 2017-07　用户类型 专变　异常状态 全部

查询内容
查询结果

市公司	上级单位	单位名称	操作员	户号	户名	用电地址	抄表段	终端局号
湖州供电公司	湖州局直属	吴兴服务区	[illegible]	[illegible]	[illegible]	浙江省湖州市吴...	334080101050523	333000900

图 3-40　3330203010 换表后零电量异常

查用户下存在两个计量点，其中表计 3330001000100108326685 自换表后示数一直为零，如图 3-41 所示。

333[illegible](表计)	0.09	0	0.04	0	0.03	0.18
333[illegible](表计)	0	0	0	0	0	0
333[illegible](表计)	0.02	0	0.01	0	0	0.06
333[illegible](表计)	0.16	0.01	0.07	0	0.07	0.44
333[illegible](表计)	0	0	0	0	0	0
333[illegible](表计)	0.12	0.01	0.05	0	0.05	0.32
333[illegible](表计)	0	0	0	0	0	0
333[illegible](表计)	0.07	0	0.03	0	0.03	0.18
333[illegible](表计)	0	0	0	0	0	0
333[illegible](表计)	0.02	0	0.01	0	0	0.06
333[illegible](表计)	0	0	0	0	0	0

图 3-41　3330001000100108326685 换表后示数一直为零

安排人员现场检查，接线及计量设备正常，用户为双电源供电，

3330001000100108326685对应备供电源，热备用状态未使用，因此示数一直为零。

第七节　采集异常运维

一、采集异常工单派发率

（一）定义及计算方法

（1）定义：采集异常工单派发率指1个工作日内派发工单数占当期应派发的工单总数的百分比。

（2）查询路径：闭环管理→采集异常运维→采集异常历史监控。

（二）处理方法

（1）实时监控：进入闭环管理→采集异常运维→采集异常实时监控界面查看待派发工单情况，如图3-42、图3-43所示，对未派发工单及时派发。

采集异常历史监控 按单位

单位	采集运维人数	采集异常总数	故障数	缺陷数	应派发数	及时派发数	超期派发数
××供电公司	36	0	0	0	0	0	0
××局直属	58	2674	2674	0	2563	2563	0
××县供电公司	23	1323	1323	0	1261	1216	44

图3-42　采集异常历史监控

单位	在途工单数	当日生成	待派工	待反馈	待归档	超期数
××供电公司	0	0	0	0	0	0
××局直属	400	171	0	73	327	0

图3-43　待发工单情况

（2）历史监控：

1）进入闭环管理→采集异常运维→采集异常历史监控界面查看超期派发工单情况，如图3-44所示。

2）点击图3-44上超期派发数，进入超期派发明细，如图3-44所示；点击工单号，进行工单查询，显示派发具体情况，如图3-45所示。

采集异常历史监控 按单位							
单位	采集运维人数	采集异常总数	故障数	缺陷数	应派发数	及时派发数	超期派发数
××供电公司	36	0	0	0	0	0	0
××局直属	58	2674	2674	0	2563	2563	0
××县供电公司	23	1323	1323	0	1261	1216	44

图 3－44 采集异常历史监控

采集异常历史明细			
序号	工单号	供电单位	处理时长（天）
1	33A3190211714925	××供电服务区	3
2	33A3190211714935	××供电服务区（新安）	2
3	33A3190211714920	××供电服务区（钟管）	2

(a)

工单流水情况			
流程状态	操作人员	开始时间	结束时间
待派工	×××	2019-02-11 05:14:24	2019-02-12 09:28:29

(b)

图 3－45 超期派发工单及派发具体情况

（a）超期派发工单情况；（b）派发具体情况

（三）典型案例

某工单派发超期，如图 3－46 所示。

工单流水情况			
流程状态	操作人员	开始时间	结束时间
待派工	×××	2019-02-11 05:14:24	2019-02-12 09:28:29

图 3－46 派发超期案例

图 3－46 显示派发时间为 2019－02－12 09:28:29，距工单生成时间超过 1 个工作日，判断为超期。

二、采集故障处理率

（一）定义及计算方法

（1）定义：采集故障处理率＝N 个工作日已处理并归档的采集异常工单数/当期应处理的采集异常工单数×100%（故障类型为终端与主站无通信时 N=5，其他故障类型 N=6）。

（2）查询路径：闭环管理→采集异常运维→采集异常历史监控。

（二）处理方法

进入闭环管理→采集异常运维→采集异常实时监控界面查看预警工单情况，如图3－47所示，对预警工单及时处理。

单位	在途工单数	当日生成	待派工	待反馈	待归档	超期数	超期预警数
××供电公司	0	0	0	0	0	0	0
××局直属	374	161	0	17	357	0	5
××县供电公司	212	125	0	0	212	0	15

图3－47　预警工单情况

对于销户、无信号等暂时无法处理的故障，可提交白名单。

（三）典型案例

在闭环管理→闭环管理→采集异常运维→采集异常实时监控界面下有针对每条异常的归档超期时间，控制在超期时间前完成异常归档，如图3－48所示。3317241390用户异常在2019年10月31日04时38分37秒后归档，则算超期。

采集异常实时监控

采集异常实时监控　采集异常实时明细

湖州局直属　用户类型 全部 专变 公变 低压 中压监测点　工单号
异常流程状态 全部　是否恢复 全部 是 否　异常等级 全部
归档超期状态 预警　异常设备 全部 采集终端 采集器 电表　人员工号
监测点类别 全部　是否转公网 全部 是 否　是否转疑难 全部 是
超期时间开始　超期时间截至　工单反馈来源 全部 页面反

查询结果

工单号	单位	户号/台区编号	户名/台区名称	当前处理人/当前锁定人	是否转营销	异常流程状态	反馈超期时间	归档超期时间
33A3191025271416	城东供电服务区	0000593294	×××	×××	否	待归档	2019-10-30 04:35:10	2019-11-01 04:38:00
33A3191023016969	城东供电服务区	3317241390	×××	×××	否	待归档	2019-10-28 04:36:15	2019-10-31 04:38:37
33A3191023016967	城东供电服务区	3317230290	×××	×××	否	待归档	2019-10-28 04:36:15	2019-10-31 04:38:37
33A3191024151903	城东供电服务区	3330255962	×××	×××	否	待归档	2019-10-29 04:35:47	2019-11-01 04:38:01
33A3191025271491	南浔供电服务区	0002004328	×××	×××	否	待归档	2019-10-30 04:35:10	2019-11-01 04:38:00
33A3191025271490	南浔供电服务区	0000597932	×××	×××	否	待归档	2019-10-30 04:35:10	2019-11-01 04:38:00
33A3191025271493	南浔供电服务区	0002004328	×××	×××	否	待归档	2019-10-30 04:35:10	2019-11-01 04:38:00
33A3191023017061	菱湖供电服务区	3317129969	×××	×××	否	待归档	2019-10-28 04:36:15	2019-10-31 04:38:37

图3－48　归档超期案例

三、采集异常更换电能表情况

（一）定义及计算方法

（1）定义：更换电能表率=异常归档后确定更换电能表的数量/运行电能表

数×100%。

（2）查询路径：统计查询→报表管理→闭环管控指标。

（3）指标要求：更换电能表率不得高于 2/10 000。

（二）处理方法

处理方法如图 3–49 所示，针对单个用户的采集异常，首先通过采集系统进行判断，若中继召测成功，说明现场通信正常，可能由于电能表参数或者方案等原因引起，可通过系统操作处理；若中继召测失败，则进行现场排查，检查 485 线、电能表及 485 口，杜绝盲目更换设备情况。同时对更换的电能表清单与检定室的检定结果进行核对，初步判断误判情况，从而针对性地加强现场人员的故障判断能力。

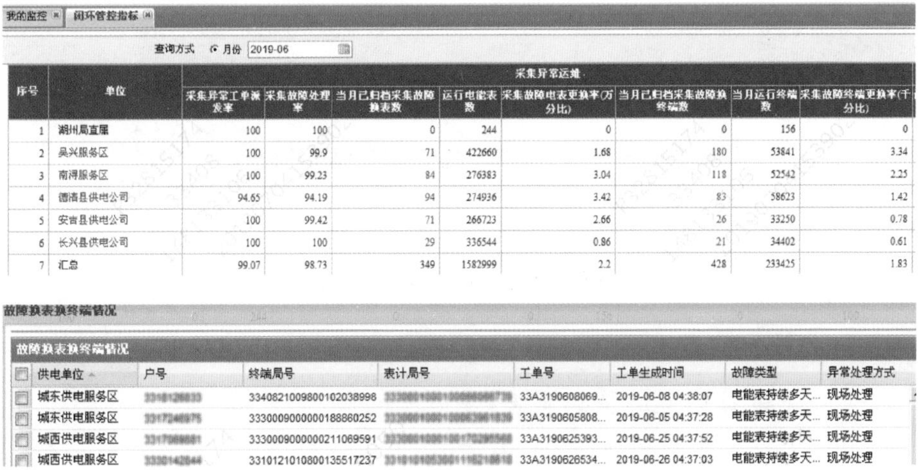

我的监控　闭环管控指标

查询方式　月份 2019-06

序号	单位	采集异常运维							
		采集异常工单派发率	采集故障处理率	当月已归档采集故障换表数	运行电能表数	采集故障电表更换率(万分比)	当月已归档采集故障换终端数	当月运行终端数	采集故障终端更换率(千分比)
1	湖州局直属	100	100	0	244	0	0	156	0
2	吴兴服务区	100	99.9	71	422660	1.68	180	53841	3.34
3	南浔服务区	100	99.23	84	276383	3.04	118	52542	2.25
4	德清县供电公司	94.65	94.19	94	274936	3.42	83	58623	1.42
5	安吉县供电公司	100	99.42	71	266723	2.66	26	33250	0.78
6	长兴县供电公司	100	100	29	336544	0.86	21	34402	0.61
7	汇总	99.07	98.73	349	1582999	2.2	428	233425	1.83

故障换表换终端情况

故障换表换终端情况

供电单位	户号	终端局号	表计局号	工单号	工单生成时间	故障类型	异常处理方式
城东供电服务区	[illegible]	3340821009800102038998	[illegible]	33A3190608069...	2019-06-08 04:38:07	电能表持续多天...	现场处理
城东供电服务区	[illegible]	3330009000000188860252	[illegible]	33A3190605808...	2019-06-05 04:37:28	电能表持续多天...	现场处理
城西供电服务区	[illegible]	3330009000000211069591	[illegible]	33A3190625393...	2019-06-25 04:37:52	电能表持续多天...	现场处理
城西供电服务区	[illegible]	3310121010800135517237	[illegible]	33A3190626534...	2019-06-26 04:37:03	电能表持续多天...	现场处理

图 3–49　采集异常更换电能表统计及明细界面

四、采集异常更换终端情况

（一）定义及计算方法

（1）定义：更换终端率=异常归档后确定更换终端的数量/运行集中器数×100%。

（2）查询路径：统计查询→报表管理→闭环管控指标。

（3）指标要求：更换终端率不得高于3/1000。

（二）处理方法

处理方法如图3－50所示，针对整个采集器下用户采集异常的情况，若现场无通信，需要查看SIM卡、模块，切勿盲目更换设备。

我的监控 闭环管控指标

查询方式 月份 2019-06

序号	单位	采集异常运维							
		采集异常工单派发率	采集故障处理率	当月已归档采集故障换表数	运行电能表数	采集故障电表更换率(万分比)	当月已归档采集故障换终端数	当月运行终端数	采集故障终端更换率(千分比)
1	湖州局直属	100	100	0	244	0	0	156	0
2	吴兴服务区	100	99.9	71	422660	1.68	180	53841	3.34
3	南浔服务区	100	99.23	84	276383	3.04	118	52542	2.25
4	德清县供电公司	94.65	94.19	94	274936	3.42	83	58623	1.42
5	安吉县供电公司	100	99.42	71	266723	2.66	26	33250	0.78
6	长兴县供电公司	100	100	29	336544	0.86	21	34402	0.61
7	汇总	99.07	98.73	349	1582999	2.2	428	233425	1.83

故障换表换终端情况

故障换表换终端情况

供电单位	户号	终端局号	表计局号	工单号	工单生成时间	故障类型	异常处理方式
吴兴服务区直属	[illegible]	3330009000000223717138		33A3190605808...	2019-06-05 04:37:28	终端与主站无通...	现场处理
城东供电服务区	[illegible]	3310121009400136769679		33A3190625393...	2019-06-25 04:37:52	集中器下电表全...	现场处理
城东供电服务区	[illegible]	3340821009100104648844		33A3190614876...	2019-06-14 04:37:11	终端与主站无通...	现场处理

图3－50　采集异常更换终端统计及明细界面

第八节　计量异常运维

一、计量异常工单及时派发率

（一）定义及计算方法

（1）定义：计量异常工单及时派发率指3个工作日内及时派发的工单数占当期应派发的工单总数的比例。及时派发数指派发日与生成日间隔不大于3个工作日的工单数。

（2）查询路径：闭环管理→计量异常运维→计量异常历史监控→计量异常统计监控。

（二）处理方法

（1）实时监控：进入闭环管理→计量异常运维→计量异常实时监控界面查

看待派发工单情况，如图 3－51 所示，对未派发工单及时派发。

单位	在途工单数	当日生成	待派工	待反馈	待归档	超期数	超期预警数
湖州供电公司	0	0	0	0	0	0	0
湖州局直属	204	47	12	39	153	73	5

图 3－51 计量异常实时监控界面查看待派发工单情况

（2）历史监控：

1）进入闭环管理→计量异常运维→计量异常历史监控界面查看超期派发工单情况，如图 3－52 所示。

供电单位	本月计量异常总数	遗留工单总数	计量异常处理率	流程平均处理时长	误报数	误报率	应派发数	及时派发数	超期派发数	派发率	派发平均处理时限	用检应反馈数	用检及时反馈数	用检超期反馈数	用检反馈率
湖州局直属	4607	59	100	0.71	3	0.06	4615	4615	0	100	0.47	3	3	0	100
德清县供电公司	1418	88	100	0.87	86	5.71	1502	1500	1	99.93	0.32	0	0	0	100

图 3－52 计量异常历史监控界面查看超期派发工单情况

2）点击超期派发数，进入超期派发明细，点击工单号，对工单进行查询，显示派发具体情况。

二、计量异常工单反馈准确率

（一）定义及计算方法

（1）定义：计量异常工单反馈准确率指反馈内容填写准确的工单数占已反馈工单总数的比例。

（2）查询路径：采集自定义查询 4081。

（二）处理方法

计量异常反馈时，应根据现场情况如实填写原因，若原因选择了“其他”，则备注信息填写须完整清楚，不能写数字、字符、字母等无法清楚描述现场真实原因的字词。

三、计量异常及时处理率

（一）定义及计算方法

（1）定义：计量异常及时处理率指 14 个工作日内处理完成的工单数占所

有工单数的比例。

（2）查询路径：闭环管理→计量异常运维→计量异常历史监控→计量异常处理率统计。

（二）处理方法

进入闭环管理→计量异常运维→计量异常实时监控界面查看超期预警工单，如图 3－53 所示，对预警工单及时处理。

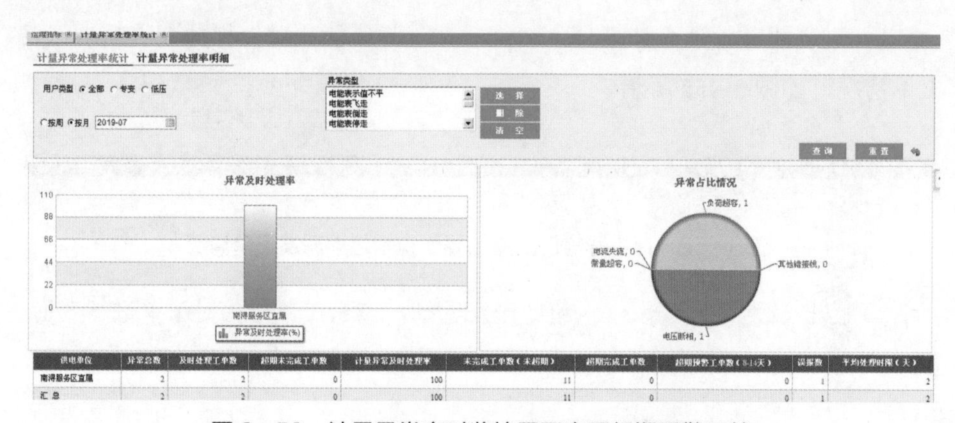

供电单位	异常总数	及时处理工单数	超期未完成工单数	计量异常及时处理率	未完成工单数（未超期）	超期完成工单数	超期预警工单数（8-14天）	误报数	平均处理时限（天）
南浔服务区直属	2	2	0	100	11	0	0	1	2
汇 总	2	2	0	100	11	0	0	1	2

图 3－53 计量异常实时监控界面查看超期预警工单

四、超过 3 个月应退补而未退补的异常

（一）定义及计算方法

（1）定义：超过 3 个月应退补而未退补的异常指标定义为超过 3 个月未退补的异常数量。

（2）异常类型：专变考核异常和低压考核异常两种。

1）专变考核异常：电能表倒走、电能表飞走、电压失压、反向电量异常、其他错接线、电压不平衡、电流不平衡、电压断相、电能表停走、电流失流。

2）低压考核异常：电压断相、电能表倒走、电能表飞走、电压失压、反向电量异常、其他错接线。

（3）查询路径：采集系统统计查询→报表管理→闭环管控指标或统计查询→运维辅助查询→自定义查询→自定义查询页面，查询编号 3342，“是否已反馈”选择否，“是否需退补”选择是，进行查询，如图 3－54 所示。

查询信息

查询名称：管控组-计量异常发生3个月以上未退补（数据同2241）

查询条件

统计周期 2019-10　单位名称 浙江湖州电力客户服务中　是否已反馈 否

是否需退补 是

查询内容

查询结果

统计周期	数据更新时间	市局名称	县局名称	单位名称	用户类型	计量异常id	户号	异常类型编
2019-10-01	2019-10-30 0...	[illegible]	湖州局直属	城西供电服务区	低压	51136829	3317082516	0102
2019-10-01	2019-10-30 0...	[illegible]	湖州局直属	城西供电服务区	低压	51136830	3317082547	0102
2019-10-01	2019-10-30 0...	[illegible]	湖州局直属	城西供电服务区	低压	51136831	3317082530	0102

图 3－54　超过 3 个月应退补而未退补的异常明细界面

（二）处理方法

确定用户计量异常具体原因，判断是否需要退补。在营销系统客户信息统一视图→客户电费/缴费信息→用户信息→退补处理方案界面下确认是否已生成退补信息记录，如图 3－55 所示。

预收余额：	0.00	核算员：		催费员：	吴旭强
冻结金额：	0.00	调尾余额：	0.00	在途票据余额：	0.00
邮件标志：	否	邮寄状态：		对公批扣：	否
费控用户：	是	测算时间：		测算电量：	
测算电费：		测算余额：		营销可用余额：	0

电费收费情况　历月收费明细　业务费收费情况　预收情况　催费信息　分次划拨信息　抄表电量信息　周期核算信息　退补处理方案　购电记录　阶梯明细信息　用户退费信息

服务区域	申请编号	用户编号	用户名称	退补处理分类标志	退补方式	电费年月	总电量	退补总电费	退补说明
城西供电服务区	150421388601	[illegible]	×××	不处理			0	0	申请编号：150417117770，业务流程：计量装置故障，退补说明：表计示度正常，无需退补

图 3－55　退补信息记录

未生成记录的，在营销系统核算管理→电费退补管理→退补申请界面下发起退补流程并归档，如图 3－56 所示。

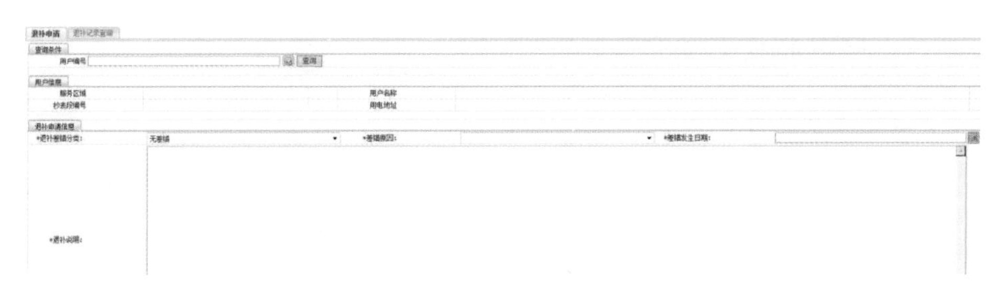

图 3－56　退补申请界面

在采集系统运行管理→计量异常运维→计量异常运维监控→退补电量关联界面下进行关系关联，如图 3－57 所示。

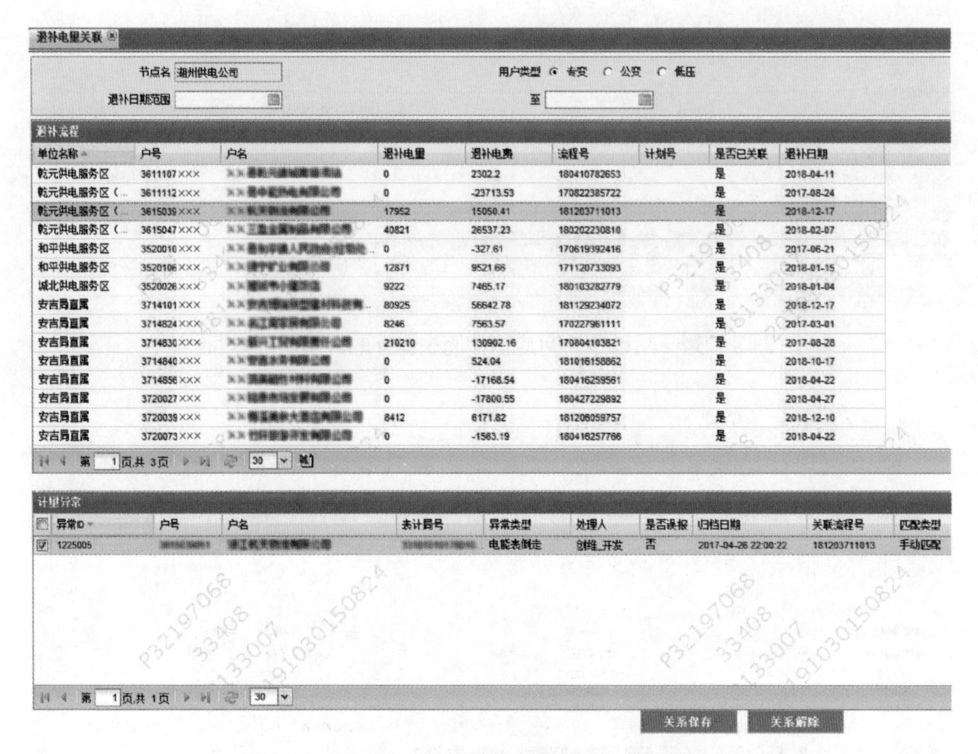

图 3-57　退补电量关联界面下进行关系关联

第九节　费控业务应用异常处理

一、停电命令下发失败异常处理率

（一）定义及计算方法

（1）定义：停电命令下发失败异常处理率=3 个工作日内处理完成的停电命令下发失败用户数/所有停电命令下发失败用户数×100%。

（2）查询路径：统计查询→报表管理→专项监控指标。

（二）处理方法

停电命令下发失败异常处理率支持下钻获取清单，如图 3-58 所示。

费控业务应用异常处理				II型采集器资产管理	
停电命令下发失败异常处理率(%)	复电命令下发失败异常处理率(%)	低压远程费控停电成功率(%)	低压远程费控复电成功率(%)	II型采集器停运超过30天未分拣数量	II型采集器领出待装时间超过15天数量
100	96.88			0	0
100	100			0	0
74.44	25			19967	13169

停电命令下发失败异常处理率

单位 德清县供电公司 * 异常类型 停电

周期 2018-06 异常状态 全部

费控业务应用异常处理明细

周期	单位代码	市公司	上级单位	单位名称	操作员	户号	终端局号
2018-06-15	33408100161	湖州供电公司	德清县供电公司	武康供电服务区			3340821009...
2018-06-21	33408100161	湖州供电公司	德清县供电公司	武康供电服务区			3330009000...
2018-06-21	33408100161	湖州供电公司	德清县供电公司	武康供电服务区			3330009000...
2018-06-21	33408100161	湖州供电公司	德清县供电公司	武康供电服务区			3330009000...
2018-06-21	33408100161	湖州供电公司	德清县供电公司	武康供电服务区			3330009000...

图 3-58 停电命令下发失败异常处理率支持下钻获取清单

根据用户信息对表计进行中继通信，确定通信情况，排除通信异常。

主站远程费控调试界面（见图 3-59）下召测开关状态，判断现场开关状态，对失败的根据营销提示当前状态联系营销、采集主站及采集、计量设备厂家处理。

主站远程费控调试

节点名 城发公司 * 表计局号 电表安装日期 2015-09-29 — 2019-10-30

操作类型 全部 执行状态 全部

低压用户信息列表

供电单位	供电所	户号	户名	表计局号	通讯地址	通讯规约	操作类型	命令状态	开关状态
德清县直属	武康供电服务区				010016057080	DL/T645_2007			

第 1 页共 1 页 30

合闸 保电投入 保电解除 召测开关状态 698电表明文加随机数中继

图 3-59 主站远程费控调试界面

二、复电命令下发失败异常处理率

（一）定义及计算方法

（1）定义：复电命令下发失败异常处理率=24h内处理完成的复电命令下发失败用户数/所有复电命令下发失败用户数×100%

（2）查询路径：统计查询→报表管理→专项监控指标。

（二）处理方法

复电命令下发失败异常处理率支持下钻获取清单，如图3－60所示。

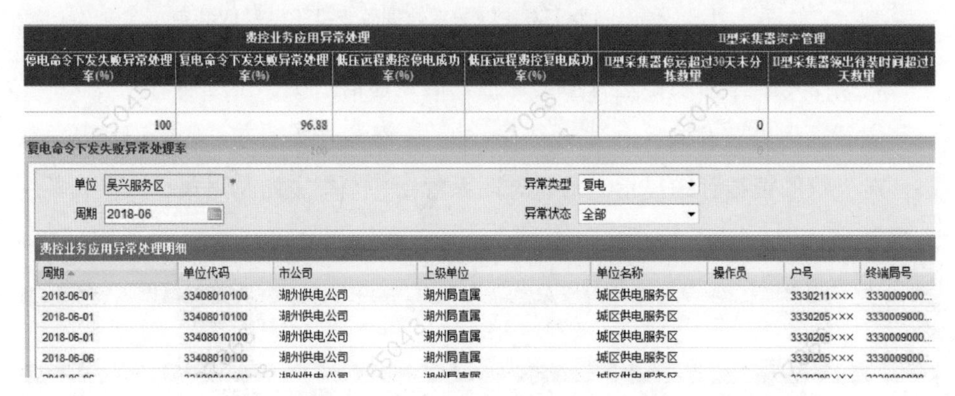

图3－60　复电命令下发失败异常处理率支持下钻获取清单

根据用户信息对表计进行中继通信，确定通信情况，排除通信异常。

主站远程费控调试界面（见图3－59）下召测开关状态，判断现场开关状态，对失败的根据营销提示当前状态联系营销、采集主站及采集、计量设备厂家处理。对无法完成处理的，可掌机现场停电。

三、跳闸成功率

（一）定义及计算方法

（1）定义：跳闸成功率=低压远程费控停电成功数/所有停电命令下发低压用户数×100%

（2）查询路径：统计查询→报表管理→专项监控指标。

（二）处理方法

跳闸成功率支持下钻获取清单，或在高级应用→费控管理→远程费控→远程费控执行统计，“执行结果”选择失败，“控制用户类型”选择低压远程费控，控制操作类型选择跳闸，如图 3－61 所示。处理方法同停电命令下发失败异常处理率。

图 3－61　跳闸成功率支持下钻获取清单

四、合闸成功率

（一）定义及计算方法

（1）定义：合闸成功率=低压远程费控复电成功数/所有复电命令下发低压用户数×100%。

（2）查询路径：统计查询→报表管理→专项监控指标。

（二）处理方法

合闸成功率支持下钻获取清单，或在高级应用→费控管理→远程费控→远程费控执行统计，“执行结果”选择失败，“控制用户类型”选择低压远程费控，控制操作类型选择合闸，如图 3－62 所示。处理方法同复电命令下发失败异常处理率。

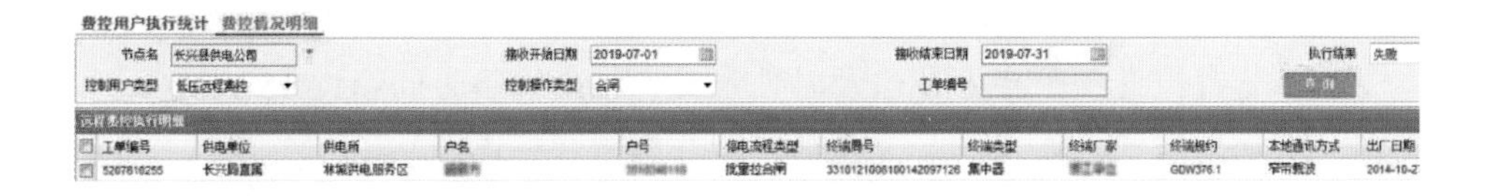

图 3－62　合闸成功率支持下钻获取清单

第十节 Ⅱ型采集器资产管理

一、停运采集器分拣及时性

（一）定义及计算方法

（1）定义：停运采集器分拣及时性指标定义为Ⅱ型采集器停运超过 30 天未分拣数量。

（2）查询路径：统计查询→报表管理→专项监控指标。

（二）处理方法

营销系统自定义查询 JLGK2201 停运采集器分拣及时性清单，查询类型选择预警，如图 3－63 所示。

图 3－63 营销系统自定义查询 JLGK2201 停运采集器分拣及时性清单

根据导出清单，在营销系统内核实采集器状态，如图 3－64 所示。

其它设备

	顺序号	资产编号	条形码	出厂编号	型号	制造单位	单位名称	当前状态	出厂日期	箱条形码	托盘条码	规格
☑	1	0012057549	3310109009900120575494	0012057549	DCZL13	宁波三星	国网浙江省电力有限公司湖州供电公司	停运	2014-06-04 08:51:10			采集器II型

图 3－64 营销系统内核实采集器状态

根据实际情况，对采集器进行分拣。

二、Ⅱ型采集器装出及时性

（一）定义及计算方法

（1）定义：Ⅱ型采集器装出及时性定义为领出待装时间超过 15 天数量。

（2）查询路径：统计查询→报表管理→专项监控指标。

（二）处理方法

营销系统自定义查询 JLGK2301 Ⅱ型采集器装出及时性清单，查询类型选择预警，如图 3－65 所示。

JLGK2301Ⅱ型采集器装出及时性清单

查询条件：

统计年月：2019-09-11　管理单位：国网浙江省电力有限公司湖州供电公司　查询类型：预警（超10天）

EXCEL导出　TXT导出

图 3－65　营销系统自定义查询 JLGK2301Ⅱ型采集器装出及时性清单

根据实际情况，确定现场是否已装，未安装及时安排安装或领出未装退库；已安装现场的，核实对应用户采集情况。采集失败，安排现场运维，运维完成，正常采集后，集中器会将正确的对应关系报给主站，修改采集器状态。采集成功，但采集器状态仍为领出待装，则在基本应用→终端管理→远程调试→基于设备搜表装接界面下维护对应关系。营销系统自动同步采集器状态。

第四章　计量装置规范性现场检查

第一节　计量装置规范性现场检查要求

一、计量箱检查要求

（1）户外计量箱应具有防雨和防阳光直射计量表计等防护措施。

（2）计量箱安装位置应便于抄表、计量装接及采集运维。集中计量箱位置应有利于抄表人员观察表计，不宜设置在低于室外地坪标高以下的场所。集中计量箱内至少应设进线开关（具备隔离功能）、分路出线开关，并预留电能表与采集设备安装位置。

（3）计量箱资产条码按照公司《电能计量器具条码》（Q/GDW 1205）执行。公司集中采购的计量箱资产条码应由供应商直接制作在计量箱铭牌上，非公司集中采购的计量箱应在计量箱正面选择适当位置（各单位应相对统一）张贴资产条码。

（4）金属电能表箱外壳接地宜采用 $25m^2$ 多股铜芯黄、绿双色导线，导线两端压好铜接头并接地。计量箱箱体和门、窗、锁应无腐蚀破损情况。

（5）计量箱上应具备“3C”认证标识、设备铭牌、“有电危险”警示标志等提示性标识。

二、电能表、采集设备检查要求

（1）电能表、采集终端安装应垂直牢固，电压回路为正相序，电流回路相位正确；每一回路的电能表、采集终端应垂直或水平排列，端子标志清晰正确。

（2）三相电能表间的最小距离应大于 80mm，单相电能表间的最小距离应大于 30mm；电能表、采集终端与周围壳体结构件之间的距离不应小于 40mm。

（3）电能表、采集终端室内安装高度 800～1800mm；电能表、采集终端中心线向各方向的倾斜不大于 1°；金属外壳的电能表、采集终端装在非金属板上，外壳必须接地。

（4）采集终端安装应按图施工，采集终端与电能表间的 485 接口的连接必须一一对应；外接天线应固定在信号灵敏的位置。

三、封印检查要求

应对计量箱和表计加装封印，并记录封印编号。封印应完整无异常。

四、导线检查要求

（1）绝缘导线表面应光滑、色泽均匀，无扭结、断股、断芯，绝缘层无破损。

（2）导线应采用塑料捆扎带扎成线束，扎带尾线应修剪平整。导线在扎束时必须把每根导线拉直，直线放外档，转弯处的导线放里档。导线转弯应均匀，转弯弧度不得小于线径的 2 倍，禁止导线绝缘出现破损现象。捆扎带之间的距离：直线为 100mm，转弯处为 50mm。导线的扎束必须做到垂直、均匀、整齐、牢固、美观。

（3）电压、电流回路导线排列顺序应正相序，黄（A）、绿（B）、红（C）色导线按自左向右或自上向下顺序排列。

（4）线路应无老化、裸露、损坏及其他异常现象。

（5）电能表出线、出线开关进出线均应设置标号套，标明回路方向。电能表出线标号套按相别、出线开关顺序进行标号。出线开关进线端按相别、电能表表位顺序进行标号。出线开关出线端按对侧用户终端室号进行标号。

（6）导线接线两端应套上具有标号的方向套，方向套应套在导线头两端的绝缘层上。方向套字码应采用线缆标志印制机印制，方向套长度 20mm±2mm。

方向套的字迹清晰、整齐。方向套的标号应与二次接线图完全一致，方向应与视图标示方向一致。方向套水平放置时，字码应从左到右排列，同排的方向套应上下对齐。方向套垂直放置时，字码应从上到下排列，同排的方向套应左右对齐。

（7）导线应尽量避免交叉，严禁导线穿入闭合测量回路中，影响测量的准确性。

（8）电能表、采集终端必须一个孔位连接一根导线。当需要连接两根导线如用圆形圈接线时，两根线头间应放一只平垫圈，以保证接触良好。

（9）所有螺钉必须紧固，不接线的螺钉应拧紧。

（10）元件标签应按接线图规定，使用线缆标志印制机印制。元件标签的字迹清晰工整。元件标签应贴在元件本身或附近右上角易于观察的位置上，并粘贴平整、美观。

五、接线盒检查要求

（1）接线盒应水平放置，电压回路连接片开口向上，接线盒的端子标志要清晰正确。电流回路连接片的位置应正确。

（2）接线盒与周围物体之间的距离适宜但不应小于 80mm，电能表与接线盒之间距离不小于 80mm。

六、窃电检查要求

不得有绕越计量装置用电等窃电行为。一经发现，马上拍照留底，上报领导，保护现场。

七、工作票、系统流程检查要求

（1）低压表计轮换、采集设备等批量带电装拆工作和客户计量装置不涉及互感器装拆的换表工作需选择电能表带电装（拆）作业票。

（2）使用黑色或蓝色的钢（水）笔或圆珠笔逐项填写，票面清楚整洁，不得涂改。使用统一格式。应实行编号管理。

（3）应由工作签发人审核无误，签名后方可执行。不得批量填写。

（4）供电单位填写简称，客户、变电站、班组填写全称，姓名填写全名。

（5）新装电能表和拆除电能表时应逐只进行拍照留存，拆除电能表拍照需清晰看到底度数，照片要在系统流程中清晰准确的上传。

实际工作中，可按表 4－1 进行计量装置规范性检查。

表 4－1　　计量装置规范性检查表

编号：	户号： 供电单位：	地址： 检查日期：
检查项	**检查明细**	**检查说明**
计量箱	（　　）户外计量箱未具有防雨和防阳光直射等防护措施	户外计量箱应具有防雨和防阳光直射计量表计等防护措施。计量箱安装位置应便于抄表、计量装置及采集运维。集中计量箱位置应有利于抄表。 人员观察表计，不宜设置在低于室外地坪标高以下的场所。集中计量箱内至少应设进线开关（具备隔离功能）、分路出线开关，并预留电能表与采集设备安装位置。公司集中采购的计量箱资产条码应由供应商直接制作在计量箱铭牌上，非公司集中采购的计量箱应在计量箱正面选择适当位置（各单位应相对统一）张贴资产条码。计量箱资产条码按照公司《电能计量器具条码》（Q/GDW1205）执行。金属电能表箱外壳接地宜采用 $25m^2$ 多股铜芯黄、绿双色导线，导线两端压好铜接头并接地。计量箱箱体和门、窗、锁应无腐蚀破损情况。计量箱上应具备“3C”认证标识、设备铭牌、“有电危险”警示标志等提示性标识
	（　　）计量箱安装位置不合理	
	（　　）计量箱上未按规定印刷、张贴资产条码、室号牌	
	（　　）计量箱箱体和门、窗、锁有腐蚀破损	
	（　　）金属电能表箱外壳无专用接地端子	
	（　　）计量箱无“有电危险”警示标志等提示性标识	
电能表、采集设备	（　　）电能表、采集设备安装未垂直牢固，中心线向各方向的倾斜大于 1°	电能表、采集终端安装应垂直牢固，电压回路为正相序，电流回路相位正确；每一回路的电能表、采集终端应垂直或水平排列，端子标志清晰正确；三相电能表间的最小距离应大于 80mm，单相电能表间的最小距离应大于 30mm；电能表、采集终端与周围壳体结构件之间的距离不应小于 40mm；电能表、采集终端室内安装高度 800mm～1800mm；电能表、采集终端中心线向各方向的倾斜不大于 1°；金属外壳的电能表、采集终端装在非金属板上，外壳必须接地。采集终端安装应按图施工，采集终端与电能表间的 485 接口的连接必须一一对应；外接天线应固定在信号灵敏的位置
	（　　）电能表、采集设备与周围壳体结构件之间的距离不满足要求	
	（　　）电能表、采集设备安装高度不满足要求	
	（　　）电能表、采集设备配套通信模块安装不符合要求	
	（　　）外接天线未固定在信号灵敏的位置	
封印	（　　）未加装封印	应对计量箱和表计加装封印，并记录封印编号。封印应完整无异常
	（　　）封印异常	

续表

检查项	检查明细	检查说明
导线	（　）绝缘导线有扭结、断股、断芯、绝缘层破损、裸露等情况	绝缘导线表面应光滑、色泽均匀，无扭结、断股、断芯，绝缘层无破损。导线应采用塑料捆扎带扎成线束，扎带尾线应修剪平整。导线在扎束时必须把每根导线拉直，直线放外档，转弯处的导线放里档。导线转弯应均匀，转弯弧度不得小于线径的2倍，禁止导线绝缘出现破损现象。捆扎带之间的距离：直线为100mm，转弯处为50mm。导线的扎束必须做到垂直、均匀、整齐、牢固、美观。电压、电流回路导线排列顺序应正相序，黄（A）、绿（B）、红（C）色导线按自左向右或自上向下顺序排列。线路应无老化、裸露、损坏及其他异常现象电能表出线、出线开关进出线均应设置标号套，标明回路方向。电能表出线标号套按相别、出线开关顺序进行标号。出线开关进线端按相别、电能表表位顺序进行标号。出线开关出线端按对侧用户终端室号进行标号。方向套字码应采用线缆标志印制机印制，方向套长度20mm±2mm。方向套的字迹清晰、整齐。导线接线两端应套上具有标号的方向套，方向套应套在导线头两端的绝缘层上。方向套的标号应与二次接线图完全一致，方向应与视图标示方向一致。方向套水平放置时，字码应从左到右排列，同排的方向套应上下对齐。方向套垂直放置时，字码应从上到下排列，同排的方向套应左右对齐。导线应尽量避免交叉，严禁导线穿入闭合测量回路中，影响测量的准确性。电能表、采集终端必须一个孔位连接一根导线。当需要连接二根导线如用圆形圈接线时，两根线头间应放一只平垫圈，以保证接触良好。所有螺钉必须紧固，不接线的螺钉应拧紧
	（　）导线布线、捆扎不规范	
	（　）穿越金属板孔时未采取必要的保护措施	
	（　）标号套使用不规范	
	（　）方向套使用不规范	
	（　）元件标不规范	
	（　）电器元件连接不规范	
	（　）线路有老化、裸露、损坏及其他异常现象	
接线盒	（　）电压回路连接片未开口向上	接线盒应水平放置，电压连接片开口向上，接线盒的端子标志要清晰正确。电流回路连接片的位置应正确。接线盒与周围物体之间的距离适宜但不应小于80mm，电能表与接线盒之间距离不小于80mm
	（　）接线盒未水平放置	
	（　）接线盒与周围物体及电能表之间的距离不满足要求	
	（　）接线盒中电流、电压回路连接片未有效闭合	
窃电	（　）存在窃电行为	不得有绕越计量装置用电等窃电行为
工作票	（　）无工作票	低压表计轮换、采集设备等批量带电装拆工作和客户计量装置不涉及互感器装拆的换表工作需选择电能表带电装（拆）作业票。使用黑色或蓝色的钢（水）笔或圆珠笔逐项填写，票面清楚整洁，不得涂改。使用统一格式。应实行编号管理。应由工作签发人审核无误，签名后方可执行。不得批量填写。供电单位填写简称，客户、变电站、班组填写全称，姓名填写全名
	（　）工作票选择不正确，填写不规范、完整	
照片	（　）无照片留存	新装电能表和拆除电能表时应逐只进行拍照留存，拆除电能表拍照需清晰看到底度数
	（　）照片数量和要求不符	

第二节　现场检查常见问题

现场检查常见不规范现象有以下七种，实际工作中应予注意。

1. 表箱外观察窗破碎、缺失（见图 4-1）

图 4-1　表箱外观察窗破碎、缺失

2. 表箱外对应表计的铭牌缺失（见图 4-2）

图 4-2　表箱外对应表计的铭牌缺失

3. 表箱内表计固定不到位、观察窗破碎缺失（见图 4-3）

图 4-3　表箱内表计固定不到位、观察窗破碎、缺失

4. 封印缺失（见图 4-4）

图 4-4　封印缺失

5. 表箱未加锁（见图 4–5）

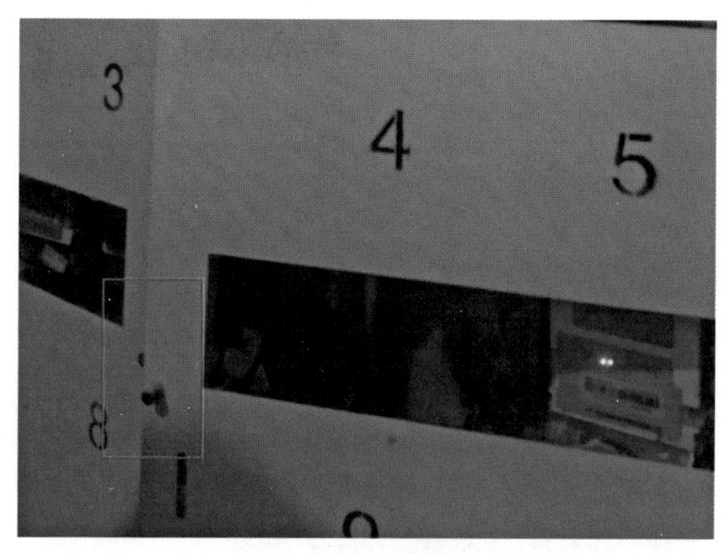

图 4–5　表箱未加锁

6. 未接导线露铜，没有有效包扎（见图 4–6）

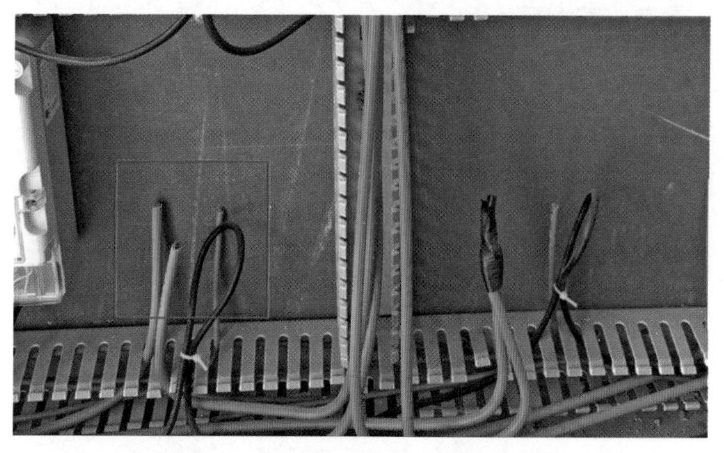

图 4–6　未接导线露铜，没有有效包扎

7. 工作票填写不规范（见图 4–7）

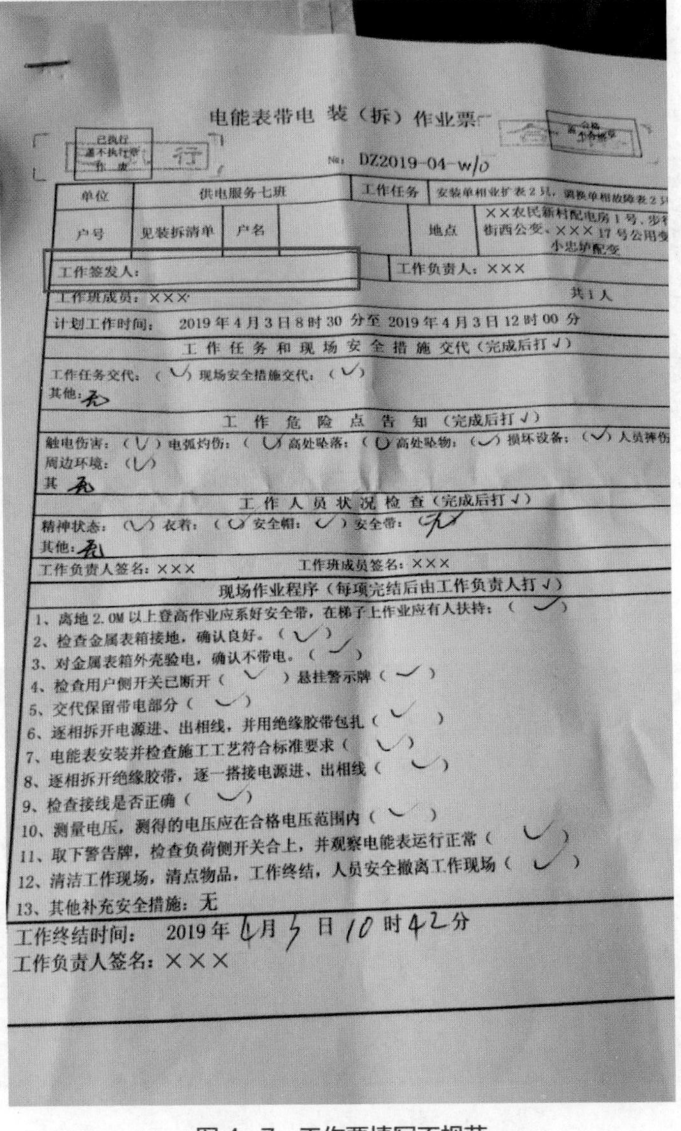

电能表带电 装（拆）作业票

No: DZ2019-04-w/0

单位	供电服务七班			工作任务	安装单相业扩表2只，调换单相故障表2只
户号	见装拆清单	户名		地点	××农民新村配电房1号、步行街西公变、×××17号公用变小忠护配变

工作签发人： 工作负责人：×××

工作班成员：××× 共1人

计划工作时间： 2019年4月3日8时30分至2019年4月3日12时00分

工作任务和现场安全措施交代（完成后打√）

工作任务交代：（√）现场安全措施交代：（√）

其他：无

工作危险点告知（完成后打√）

触电伤害：（√）电弧灼伤：（√）高处坠落：（√）高处坠物：（√）损坏设备：（√）人员摔伤

周边环境：（√）

其 无

工作人员状况检查（完成后打√）

精神状态：（√）衣着：（√）安全帽：（√）安全带：（无）

其他：无

工作负责人签名：××× 工作班成员签名：×××

现场作业程序（每项完结后由工作负责人打√）

1、离地2.0M以上登高作业应系好安全带，在梯子上作业应有人扶持：（√）

2、检查金属表箱接地，确认良好。（√）

3、对金属表箱外壳验电，确认不带电。（√）

4、检查用户侧开关已断开（√）悬挂警示牌（√）

5、交代保留带电部分（√）

6、逐相拆开电源进、出相线，并用绝缘胶带包扎（√）

7、电能表安装并检查施工工艺符合标准要求（√）

8、逐相拆开绝缘胶带，逐一搭接电源进、出相线（√）

9、检查接线是否正确（√）

10、测量电压，测得的电压应在合格电压范围内（√）

11、取下警告牌，检查负荷侧开关合上，并观察电能表运行正常（√）

12、清洁工作现场，清点物品，工作终结，人员安全撤离工作现场（√）

13、其他补充安全措施：无

工作终结时间： 2019年4月3日10时42分

工作负责人签名：×××

图 4–7 工作票填写不规范

第五章　计量装置现场校验抽检管控

第一节　电能表状态校验情况管控

根据计量精益化管控量化体系，电能表状态校验情况管控内容包括状态检验工作规范性、年度电能表状态量数据规范率和年度Ⅰ、Ⅱ、Ⅲ类电能表上线率。

一、状态检验工作规范性

（一）指标解释

电能表现场检验是指为确定电能表在现场运行条件下是否符合要求，在现场对电能表实施各项试验的过程。现行依据为DL/T 448—2016《电能计量装置技术管理规程》，其规定的分类及现场校验要求见表5-1、表5-2。

表5-1　　DL/T 448—2016中对电能计量装置的分类

装置类别	分类说明
Ⅰ类	220kV及以上贸易结算用电能计量装置； 500kV及以上考核用电能计量装置； 计量单机容量300MW及以上发电机发电量的电能计量装置
Ⅱ类	110（66）～220kV贸易结算用电能计量装置； 220～500kV考核用电能计量装置； 计量单机容量100～300MW发电机发电量的电能计量装置
Ⅲ类	10～110（66）kV贸易结算用电能计量装置； 10～220kV考核用电能计量装置； 计量100MW以下发电机发电量、发电企业厂（站）用电量的电能计量装置
Ⅳ类	380V～10kV电能计量装置
Ⅴ类	220V单相电能计量装置

表 5-2　　DL/T 448—2016 中对电能表现场检验的要求

装置类别	现场检验周期
Ⅰ	宜每 6 个月现场检验一次
Ⅱ	宜每 12 个月现场检验一次
Ⅲ	宜每 24 个月现场检验一次
新投运或改造后的Ⅰ、Ⅱ、Ⅲ类电能计量装置应在带负荷运行一个月内进行首次电能表现场检验	

当前电能表的现场检验工作主要采用工作人员定期到场检验的方式进行，难以适应电能表的技术发展现状和满足公司精益化管理的需要。为减少不必要的重复工作，同时及时掌握设备运行状态，需要对电能表进行状态评价。

状态检验是指根据先进的状态监测和诊断技术提供的电能表状态信息，判断电能表的异常，预知电能表的故障，在故障发生前进行校验的方式。即根据设备的健康状态来安排现场检验计划，实施电能表检验。

（二）管控要求

（1）营销系统内每月生成月度计划，根据计划开展现场检验。

（2）每月月底形成月报告，报告格式、内容等要求符合规范。

（3）电能表现场检验原始记录要求按规范录入营销系统。

（4）每月按状态检验策略调整月计划。

（5）针对状态检验月报、日常抽检结果等对不达要求项目进行整改。

（三）管控办法

1. 管控方式

管控方式有状态检验月报、营销系统、日常抽查三种。

2. 评价办法

（1）满足要求不扣分。

（2）月报告不符合规范者扣 0.1 分/次。

（3）抽查发现电能表现场检验原始记录，录入营销系统不符合规范者，扣 0.1 分/次。

（4）每月不按状态检验策略调整月计划者扣 0.1/次；

（5）每月未对预警状态进行评估扣 0.1 分/块。

二、年度电能表状态量数据规范率

（一）指标解释

1. 电能表状态量

按照误差稳定性、运行可靠性和潜在缺陷等要素分类，结合成熟运行的用电信息采集系统、营销业务应用系统、计量生产调度平台等信息系统，选取可反映电能表运行可靠程度的 10 个状态量。状态量选取原则见表 5－3。

表 5－3　　电能表状态量选取原则

要素分类	状态量	支持系统
误差稳定性	实验室检定基本误差	计量生产调度（MDS）
	现场检测运行误差	营销业务应用（SG186）
	同批次误差分散性	计量生产调度（MDS）
运行可靠性	同厂家批次退货率	计量生产调度（MDS）
	同批次运行故障率	计量生产调度（MDS）
	运行时间	计量生产调度（MDS）
潜在隐患	家族缺陷	计量生产调度（MDS）
	在线监测—电量异常	用电信息采集（在线监测与智能诊断）
	在线监测—时钟异常	用电信息采集（在线监测与智能诊断）
其他要素	用户信誉	营销业务应用（SG186）

（1）误差稳定性。

1）基本误差 S_1：电能表实验室检定选取负荷点的基本误差。该状态量可反映电能表固有计量性能的好坏。

2）运行误差 S_2：电能表现场实负荷检验的误差。该状态量反映电能表运行计量性能的好坏。

3）误差分散性 S_3：同一批次合格电能表额定负荷下基本误差的标准偏差统计值。该状态量反映批次电能表质量控制的好坏。

（2）运行可靠性。

1）批次退货 S_4：同一制造厂家所供三相电能表因不合格退货批次比例统计值。该状态量反映电能表制造厂家的信誉、管理和质量水平。

2）批次运行 S_5：同一批次电能表运行故障率统计值。该状态量反映运行电能表批次质量的好坏。

3）运行时间 S_6：电能表的运行年数，最小分辨率为 0.5 年。

（3）潜在隐患。

1）家族缺陷 S_7：经确认由设计、和/或材质、和/或工艺、和/或软件等共性因素导致的电能表缺陷。该状态量反映运行电能表发生故障的隐患大小。

2）在线监测—电量异常 S_8：在线监测与智能诊断系统发现的电能表电量异常类型和数量。该状态量反映电能表实时运行情况。

3）在线监测—时钟异常 S_9：在线监测与智能诊断系统发现的电能表时钟异常类型和数量。该状态量反映电能表实时运行情况。

（4）其他要素。主要是用户信誉 S_{10}，其含义是电能表用户是否发生过窃电等影响信誉的行为。

上述 10 个电能表状态量选取标准见表 5－4。

表 5－4　　电能表状态量选取标准

编号	状态量	选取标准	数据支撑
S_1	基本误差	选取 3 个负荷点的误差值： （1）U_n，I_n，$\cos\varphi=1.0$ 的误差值 S_{1-1}； （2）0.2S 级和 0.5S 级取 U_n，$0.02I_n$，$\cos\varphi=0.5L$ 的误差值，1 级和 2 级取 U_n，$0.05I_n$，$\cos\varphi=0.5L$ 的误差值 S_{1-2}； （3）U_n，I_{max}，$\cos\varphi=1.0$ 的误差值 S_{1-3}； （4）U_n，I_n，$\cos\varphi=0.8C$ 的误差值 S_{1-4}（可选）	MDS 系统，基本误差结论表
S_2	运行误差	现场实负荷测试得到的误差值	SG186 营销业务应用系统，运行维护及检验
S_3	误差分散性	同一批次合格电能表额定负荷点，功率因数 1.0 时基本误差的标准偏差： $S_3=\sqrt{\frac{1}{N-1}\sum_{i=1}^{N}(x_i-\bar{x})^2}$	MDS 系统，基本误差结论表

续表

编号	状态量	选取标准	数据支撑
S_4	批次退货	同一制造厂家三相电能表近3年不合格退货率： $S_4=\dfrac{不合格退货只数}{所供表总只数}\times100\%$	MDS系统，退换任务表
S_5	批次运行	同一到货批次电能表运行故障率 $S_5=\dfrac{因表计质量问题退出运行表数量}{批次表总数量}\times100\%$	MDS系统，运行故障统计表
S_6	运行时间与环境	（1）S_{6-1}表计运行年数，最小分辨为0.5年，只舍不进。例如0～5.9年为0年，6～11.9年为0.5年； （2）S_{6-2}表计运行环境，分为室内有空调，室内无空调，户外，不同环境有不同权重	（1）运行时长取SG186营销业务应用系统提供的表龄库龄数据的运行时长字段； （2）安装环境需SG186营销业务应用系统C_METER表新增字段，标准编码：01室内有空调，02室内无空调，03户外
S_7	家族缺陷	经确认的家族缺陷影响力大小	
S_8	在线监测—电量异常	1个评价周期内在线监测发现的真实的电量异常数量S_8	用采系统—在线监测模块
S_9	在线监测—时钟异常	1个评价周期内在线监测发现的真实的时钟异常数量S_9	用采系统—在线监测模块
S_{10}	用户信誉	近1年内用户是否发生过窃电等擅自异动、破坏计量装置行为	营销业务应用系统，用户信誉接口

2. 计算公式

年度电能表状态量数据规范率=年度电能表状态量数据准确齐全数量/年度电能表总数

（二）管控要求

月度电能表状态量数据规范率要求达到99%及以上。

（三）管控办法

1. 管控方式

管控方式有MDS系统和营销业务系统两种。

2. 评价办法

（1）月度状态量数据规范率达99%及以上者不扣分。

（2）未达99%的视情况扣1～5分。

三、年度Ⅰ、Ⅱ、Ⅲ类电能表上线率

（一）指标解释

电能表上线率=参与评分的电能表数/地区电能表总数

（二）管控要求

月度Ⅰ、Ⅱ、Ⅲ类电能表上线率要求达到95%及以上。

（三）管控办法

1. 管控方式

管控方式为MDS系统。

2. 评价办法

（1）月度上线率达95%及以上者不扣分。

（2）未达95%的视情况扣1～4分。

第二节　互感器计量检定情况管控

一、互感器现场计量检定

（一）电压互感器现场校验

1. 性能要求

（1）绝缘。电压互感器绝缘电阻应满足表5－5要求。

表5－5　电压互感器绝缘电阻要求

项目	一次对二次绕组及地[a]	二次绕组之间	二次绕组对地
要求	＞1000MΩ	＞500MΩ	＞500MΩ

[a] 电容式电压互感器除外

（2）基本误差。在参比条件下，电压互感器的误差不得超出表5－6给定的限值范围，实际误差曲线不得超出误差限值连线所形成的折线范围。

表 5-6　　电压互感器基本误差限值

准确度级别	误差项	电压百分数（%）
		80～120
0.1	比值差（±，%）	0.1
	相位差（±，′）	5
0.2	比值差（±，%）	0.2
	相位差（±，′）	10
0.5	比值差（±，%）	0.5
	相位差（±，′）	20

（3）稳定性。电压互感器在连续两次周期检验中，各测量点误差的变化不得大于其基本误差限值的 2/3。

2. 检验要求

（1）现场检验条件。现场检验时，一般应满足下列条件：

1）现场检验参比条件见表 5-7。

2）用于检验的设备，如升压器、调压器等在工作中产生电磁干扰引入的测量误差不大于被检电压互感器误差限值的 1/10。

3）现场周围环境电磁场干扰所引起被检电压互感器误差的变化，应不大于被检电压互感器误差限值的 1/20。

4）被检电压互感器应从系统中隔离并保持足够的绝缘距离。

表 5-7　　现场检验参比条件

环境温度 [a]	相对湿度	电源频率	电源波形畸变系数	二次负荷 [b]	外绝缘
-25～55℃	≤95%	（50±0.5）Hz	≤5%	额定负荷～下限负荷	清洁、干燥

[a] 当被检电压互感器技术条件规定的环境温度与 -25～55℃范围不一致时，以技术条件规定的环境温度作为参比环境温度。

[b] 除非用户有要求，被检电压互感器的下限负荷均按 2.5VA 选取；有多个二次绕组时，下限负荷分配给被检二次绕组，其他二次绕组空载

（2）检验项目。电压互感器现场检验项目见表 5-8。

表 5-8　　电压互感器现场检验项目一览表

序号	检验项目	检验类型	
		首次检验	后续检验
1	外观检查	+	+
2	绝缘试验	+	+
3	绕组极性检查	+	–
4	基本误差测量	+	+
5	二次实际负荷下计量绕组的误差测量	–	•
6	稳定性试验	–	+

注：符号“+”表示必须检验；符号“•”表示按需检验；符号“–”表示不需检验

3. 检验方法

（1）外观检查。有下列缺陷之一者，判定为外观不合格：

1）绝缘套管不清洁，油位或气体指示不正确。

2）铭牌及必要的标志不完整（包括产品型号、出厂序号、制造厂名称等基本信息及额定绝缘水平、额定电压比、准确度等级及额定二次负荷等技术参数）。

3）接线端钮缺少、损坏或无标记，接地端子上无接地标志，电容式电压互感器端子箱中阻尼电阻、避雷器等元件缺失或损坏。

（2）绝缘试验。电压互感器绝缘电阻应使用 2500V 绝缘电阻表进行测量，也可采用未超过有效期的交接试验或预防试验报告的数据。

（3）绕组的极性检查。宜使用互感器校验仪检查绕组的极性，极性检查一般与误差测量同时进行。标准电压互感器的极性是已知的，根据被检电压互感器的接线标志，按比较法线路完成测量接线后，升起电压至额定值的 5%以下试测，用互感器校验仪的极性指示功能或误差测量功能确定互感器的极性。如无异常，则极性标识正确。

（4）基本误差测量。按照检验接线图进行基本误差测量。电压互感器误差的测量点参见表 5-9 所示。有多个二次绕组的电压互感器，除剩余绕组外，各二次绕组应按表 5-9 的规定接入额定负荷或者下限负荷。

表 5-9 电压互感器误差测量点

电压百分数（%）	80	100	105[a]	110[b]	115[c]
额定负荷	+	+	+	+	+
下限负荷	+	+	–	–	–

[a] 适用于 750kV 和 1000kV 电压互感器。
[b] 适用于 330kV 和 500kV 电压互感器。
[c] 适用于 220kV 及以下电压互感器

（5）二次实际负荷下计量绕组的误差测量。电压互感器二次实际负荷下误差测量宜采用根据二次实际负荷值选择负荷箱替代的方法进行。电压互感器二次实际负荷下的现场误差测量与基本误差测量原理接线相同，两者可合并进行。

（6）稳定性试验。电压互感器的稳定性取上次检验结果与当前检验结果，分别计算两次检验结果中比值差的差值和相位差的差值。

4. 检验结果处理

（1）测量数据修约。电压互感器现场检验时读取的比值差保留到 0.001%，相位差保留到 0.01′，且按规定的格式和要求做好原始记录，并妥善保管。

误差测量数据可按表 5-10 相应等级修约。

表 5-10 电压互感器误差数据修约间隔

准确度等级		0.1	0.2	0.5
修约间隔	比值差（±，%）	0.01	0.02	0.05
	相位差（±，′）	0.5	1	2

（2）检验结果输出。检验结束，由检验单位出具检验结论，根据需要出具检验结论。

5. 检验周期

检验周期应符合 JJG 1021—2007《电力互感器》的相关规定。

（二）电流互感器现场校验

1. 性能要求

（1）绝缘。电流互感器的绝缘电阻应满足表 5-11 要求。

表 5－11　　电流互感器绝缘电阻要求

项目	一次对二次绕组及地	二次绕组之间	二次绕组对地
要求	＞1500MΩ	＞500MΩ	＞500MΩ

（2）基本误差。在参比条件下，电流互感器的误差不得超出表 5－12 给定的限值范围，实际误差曲线不得超出误差限值连线所形成的折线范围。电流互感器的基本误差以退磁后的误差为准。

表 5－12　　电流互感器基本误差限值

准确度级别	误差项	电压百分数（%）				
		1	5	20	100	120
0.1	比值差（±，%）	—	0.4	0.2	0.1	0.1
	相位差（±，′）	—	15	8	5	5
0.2	比值差（±，%）	—	0.75	0.35	0.2	0.2
	相位差（±，′）	—	30	15	10	10
0.2S	比值差（±，%）	0.75	0.35	0.2	0.2	0.2
	相位差（±，′）	30	15	10	10	10
0.5	比值差（±，%）	—	1.5	0.75	0.5	0.5
	相位差（±，′）	—	90	45	30	30
0.5S	比值差（±，%）	1.5	0.75	0.5	0.5	0.5
	相位差（±，′）	90	45	30	30	30

（3）稳定性。电流互感器在连续两次周期检验中，各测量点误差的变化，不得大于其基本误差限值的 2/3。

2. 检验要求

现场检验时，一般应满足下列条件：

（1）现场检验参比条件见表 5－13。

（2）用于检验的设备，如升流器、调流器等在工作中产生电磁干扰引入的测量误差不大于被检电流互感器误差限值的 1/10。

（3）现场周围环境电磁场干扰所引起被检电流互感器误差的变化，应不大于被检电流互感器误差限值的 1/20。

（4）被检电流互感器应从系统中隔离，除被检二次绕组外其他二次绕组应可靠短接。

表5-13　　现场检验参比条件

环境温度[a]	相对湿度	电源频率	电源波形畸变系数	二次负荷[b]	外绝缘
-25～55℃	≤95%	50±0.5Hz	≤5%	额定负荷～下限负荷	清洁、干燥

[a] 当被检电流互感器技术条件规定的环境温度与-25～55℃范围不一致时，以技术条件规定的环境温度作为参比环境温度。

[b] 除非用户有要求，二次额定电流5A的被检电流互感器的下限负荷均按3.75VA选取，二次额定电流1A的被检电流互感器的下限负荷均按1VA选取

3. 检验项目

电流互感器现场检验项目见表5-14。

表5-14　　电流互感器现场检验项目一览表

序号	检验项目	检验类型	
		首次检验	后续检验
1	外观检查	+	+
2	绝缘试验	+	+
3	绕组极性检查	+	–
4	基本误差测量	+	+
5	二次实际负荷下计量绕组的误差测量	–	•
6	稳定性试验	–	+

注：符号“+”表示必须检验；符号“•”表示按需检验；符号“–”表示不需检验

4. 检验方法

（1）外观检查。有下列缺陷之一者，判定为外观不合格：

1）绝缘套管不清洁，油位或气体指示不正确。

2）铭牌及必要的标志不完整（包括产品型号、出厂序号、制造厂名称等基本信息及额定绝缘水平、额定电流比、准确度等级及额定二次负荷等技术参数）。

3）接线端钮缺少、损坏或无标记，穿心式电流互感器没有极性标记。

4）多变比电流互感器在铭牌或面板上未标有不同电流比的接线方式。

（2）绝缘电阻测量。绝缘电阻应使用2500V绝缘电阻表进行测量，也可采用未超过有效期的交接试验或预防试验报告的数据。

（3）绕组的极性检查。绕组的极性宜使用互感器校验仪进行检查，可与基本误差测量同时进行。标准电流互感器的极性是已知的，根据被检电流互感器的接线标志，按比较法线路完成测量接线后，升起电流至额定值的5%以下试测，用互感器校验仪的极性指示功能或误差测量功能确定互感器的极性。如无异常，则极性标识正确。

（4）基本误差测量。电流互感器基本误差测量应按照以下要求进行：

1）对于首检或检修后的电流互感器，应先后在充磁和退磁的状态下进行误差测量，两次测量结果均应满足表5–12的要求。

2）对于后续周期检验的电流互感器，宜在退磁情况下进行误差测试，测试结果应满足表5–12的要求。

3）基本误差测量宜使用标准电流互感器比较法。

4）电流互感器误差的测量点见表5–15。

表5–15　　电流互感器误差测量点

电流百分数（%）	1[a]	5	20	100	120
额定负荷	+	+	+	+	+
下限负荷	+	+	+	+	–

[a] 适用于S级电流互感器

5）首次检验时，宜在电流互感器安装后进行误差测量，且对全部电流比按表5–15规定的测量点以直接比较法进行现场检验。当条件不具备时，可在安装前按要求进行误差测量，但电流互感器安装后须在不低于20%额定电流下进行复核。

6）周期检验时，除非用户有要求，只对实际使用的变比进行误差测量。对运行中的电流互感器，如因条件所限，无法按表5–15规定的测量点以直接比较法进行周期检验时，可使用扩大负荷法外推电流互感器误差。

7）当一次返回导体的磁场对套管式电流互感器误差产生的影响不大于基本误差限值的 1/6 时，允许使用等安匝法（含并联等安匝法）测量电流互感器的误差。等安匝测量方法及注意事项参见 JJG 1021—2007 附录 C。

（5）二次实际负荷下计量绕组的误差测量。电流互感器二次实际负荷下误差测量宜根据二次实际负荷值选择负荷箱替代的方法进行。电流互感器二次实际负荷下的现场误差测量与基本误差测量原理接线相同，两者可合并进行。

（6）稳定性试验。电流互感器的稳定性取上次检验结果与当前检验结果，分别计算两次检验结果中比值差的差值和相位差的差值。

5. 检验结果处理

（1）测量数据修约。电流互感器现场检验时读取的比值差保留到 0.001%，相位差保留到 0.01′，且按规定的格式和要求做好原始记录，并妥善保管。

误差测量数据可按表 5－16 相应等级修约。

表 5－16　电流互感器误差数据修约间隔

准确度等级		0.1	0.2	0.2S	0.5	0.5S
修约间隔	比值差（±，%）	0.01	0.02	0.02	0.05	0.05
	相位差（±，′）	0.5	1	1	2	2

（2）检验结果输出。检验结束，由检验单位出具检验结论，根据需要出具检验结论。

6. 检验周期

检验周期应符合 JJG 1021—2007 的相关规定。

二、互感器计量检定管控内容

根据计量精益化管控量化体系，互感器计量检定情况管控内容包括关口互感器现场计量检定人员资质，电流、电压互感器现场计量检测成套设备管理，关口互感器现场周期检测计划完成率和投运前关口互感器现场首次检验率。

（一）关口互感器现场计量检定人员资质

1. 指标解释

关口互感器现场计量检定人员资质指参与关口互感器现场计量检定的作业人员必须满足相应条件。

2. 管控要求

参与现场计量检定人员应满足以下条件：

（1）参加互感器现场检测工作满 1 年以上（不含 1 年）。

（2）取得省公司互感器现场计量检定员专项培训证书。

（3）省公司互感器现场计量检定员专项培训证书有效期不超过 1 年。

3. 管控对象

参与互感器现场计量检定作业人员。

4. 管控办法

（1）管控方式。有日常现场抽查和年终监督检查两种。

（2）评价办法。根据国网浙江省电力有限公司计量精益化管控量化评价体系进行相应考核：

1）满足要求不扣分。

2）参加互感器现场检测工作满 1 年以上（不含 1 年），未取得省公司互感器现场计量检定员专项培训证书的，每人扣 0.5 分。

3）省公司互感器现场计量检定员专项培训证书有效期为 4 年，参加互感器现场检测工作，其有效期超过 1 年及以上的，每人扣 0.25 分。

（二）电流、电压互感器现场计量检测成套设备管理

1. 指标解释

电压互感器现场计量检测成套设备包括升压设备、高压试验变压器、标准电压互感器、互感器校验仪、电压互感器负荷箱及监测用电压百分表等。

电压互感器现场检验设备需满足下列要求：

（1）升压设备由调压器和升压器（高压试验变压器或串联谐振升压装置）等组成。调压器应有足够的调节细度，其输出容量和电压应与升压器相适应。

（2）用于检验工作的升压器、调压器等所引起被检电压互感器误差的变

化，应不大于被检电压互感器误差限值的1/10。

（3）使用高压试验变压器检验电磁式电压互感器时，应符合 JB/T 9641—1999《试验变压器》的要求。调压器应与试验变压器的额定电压与实际输出容量匹配，调压装置应有输出电流指示和过流保护功能。检验三相电压互感器时，应使用三相试验变压器和三相调压电源。

（4）检验电容式电压互感器和气体绝缘开关设备组合电器（GIS）中的电压互感器宜使用相应电压等级的串联谐振升压装置。串联谐振升压装置应采用调感式，用电网频率激励。升压装置中电抗器输出电压应不低于被检电压互感器额定电压的 1.2 倍，额定电流应满足被检电压互感器电压为额定电压 1.2 倍时的试验电流要求。

（5）标准电压互感器宜选用电磁式电压互感器。标准电压互感器额定变比应与被检电压互感器相同，准确度等级至少比被检电压互感器高两个等级，在现场检验环境条件下的实际误差不大于被检电压互感器基本误差限值的 1/5。标准电压互感器的二次实际负荷（含差压回路负荷），应在其额定负荷与下限负荷之间。

（6）现场检验宜使用高端测差方式的互感器校验仪。电压互感器校验仪应符合 JJG 169—2010《互感器校验仪》的技术要求：其比值差和相位差示值分辨率应不低于 0.001%和 0.01′，谐波抑制能力不小于 26dB，差压回路的负荷不大于 0.1VA。在现场检验环境条件下，互感器校验仪引起的测量误差应不大于被检电压互感器基本误差限值的 1/10。

（7）用于电压互感器现场检验的电压互感器负荷箱，在接线端子所在的面板上应有额定环境温度区间、额定频率、额定电流及额定功率因数的明确标志。DL/T 1664—2016《电能计量装置现场检验规程》推荐的额定温度区间为低温型－25～15℃，常温型－5～35℃，高温型 15～55℃。现场检验时使用的电压互感器负荷箱，其额定环境温度区间应能覆盖检验时实际环境温度范围。在规定的环境温度区间中心点附近（允许偏离范围±2℃），电压互感器负荷箱在额定频率 50Hz（60Hz）、额定电压的 80%～120%时，标称负荷值的有功分量和无功分量的相对误差不应超过±3%，周围温度每变化 5℃时，负荷的误差变化不超过±1%。当 $\cos\varphi=1$ 时，残余无功分量同样不得超过±3%。电压互感器负荷箱所置负荷不等于二次额定负荷时，测量结果可以进行误差换算求得，被检电压互感器在二次实际负荷下的误差也可参照进行。负荷误差换算方法参见JJG 1021—2007 附录 D。

（8）监测用电压百分表的准确度等级不低于 1.5 级。在规定的测量范围内，内阻抗应保持不变。

电流互感器现场计量检测成套设备包括升流设备、标准电流互感器、电流互感器校验仪、电流互感器负荷箱及监测用电流百分表等。

电流互感器现场检验设备需满足下列要求：

1）升流设备由调压器、升流器和无功补偿装置等组成。调压器应有足够的调节细度，其输出容量应与升流器相适应。升流器应有足够的容量和不同的输出电压挡，以满足在相应的一次试验回路感抗下，足以达到完全无功补偿的要求。试验电源设备引起的输出波形畸变系数应不超过 5%。

2）升流器、调压器、大电流电缆线等引起被检电流互感器误差的变化，不应大于被检电流互感器误差限值的 1/10。

3）标准电流互感器额定变比应与被检电流互感器相同，准确度至少比被检电流互感器高两个等级，在现场检验环境条件下的实际误差不大于被检电流互感器基本误差限值的 1/5。

4）标准电流互感器的二次实际负荷（含差值回路负荷），应在其额定负荷与下限负荷之间。如果需要使用标准电流互感器的误差检定值，则标准电流互感器的二次实际负荷（含差值回路负荷）与其检定证书规定负荷的偏差应不大于 10%。

5）电流互感器校验仪应符合 JJG 169—2010 的技术要求：其比值差和相位差示值分辨率应不低于 0.001%和 0.01′。在现场检验环境条件下，电流互感器校验仪引起的测量误差，应不大于被检电流互感器基本误差限值的 1/10。其中差值回路的二次负荷对标准电流互感器和被检电流互感器误差的影响均不大于它们基本误差限值的 1/20。

6）电流互感器负荷箱在接线端子所在的面板上应有额定环境温度区间、

额定频率、额定电流及额定功率因数的明确标志。电流互感器度负荷箱还应标明外部接线电阻数值。DL/T 1664—2016 推荐的额定温度区间为低温型−25～15℃，常温型−5～35℃，高温型 15～55℃。电流互感器负荷箱的额定环境温度区间应能覆盖检验时实际环境温度范围。在规定的环境温度区间中心点附近（允许偏离范围±2℃），电流互感器负荷箱在额定频率 50Hz（60Hz）、额定电流的 1%～120%时，标称负荷值（与规定的二次引线电阻一并计算）的有功分量和无功分量的相对误差不应超过表 5−17 的规定；当 $\cos\varphi=1$ 时，残余无功分量同样不得超过表 5−17 的规定。周围温度每变化 5℃时，负荷的误差变化不超过±1%。

表 5−17 电流互感器负荷箱基本误差限值

电流百分数	有功部分			无功部分		
	1%	5%	20%～120%	1%	5%	20%～120%
基本误差限值（%）	±6	±4	±3	±6	±4	±3

7）监测用电流百分表的准确度等级不低于 1.5 级。在规定的测量范围内，内阻抗应保持不变。

2. 管控要求

电流、电压互感器现场计量检测成套设备管理要求做到：

（1）有电流、电压互感器现场计量检测设备台账，账卡物保证一致。

（2）按要求制定计量器具周期检定/校准计划，同时保证正常实施。

（3）计量器具严格检查其时限，超周期的必须及时进行处理。

3. 管控办法

（1）管控方式。有日常现场抽查和年终监督检查两种。

（2）评价办法。

1）有电流、电压互感器现场计量检测设备台账，且账卡物一致的不扣分，否则扣 0.25 分。

2）有计量器具周期检定/校准计划且正常实施的不扣分，使用超周期计量器具的，发现一件扣 0.25 分。

（三）关口互感器现场周期检测计划完成率

1. 指标解释

关口互感器现场周期检测计划完成率=实际完成的关口互感器现场周期检测数量/关口互感器现场周期检测计划数量

2. 管控要求

（1）根据年终监督检查要求，国网和省公司下达的关口互感器现场周期检测计划或经批准调整的计划完成率要求达到98.5%及以上。

（2）严格按照 JJG 1021—2007《电力互感器》规定的方法开展关口互感器现场基本误差测量。

3. 管控办法

（1）管控方式为年终监督检查。

（2）评价办法。

1）经年终监督检查确认，国网和省公司下达的关口互感器现场周期检测计划或经批准调整的计划完成率达 98.5%及以上者不扣分，计划完成率低于50%（含）的扣 3 分，计划完成率达 50%～98.5%（不含）的扣 2 分，计划完成率达 100%的加 1 分。

2）不按照 JJG 1021—2007 规定的方法开展关口互感器现场基本误差测量的，每发现一次扣 1 分。

（四）投运前关口互感器现场首次检验率

1. 指标解释

投运前关口互感器现场首次检验率=实际进行投运前现场首次检验的关口互感器数/需进行投运前现场首次检验的关口互感器总数

2. 管控要求

（1）要求每月制定月底首检计划，并报省计量中心现场检验室。

（2）申领关口电能表的同时需提供关口互感器首检报告。

（3）关口互感器要求必须开展首检，之后才能投入运行。

（4）首检报告中发现不合格互感器必须及时进行处理。

（5）严格按照 JJG 1021—2007 国家计量检定规程规定的方法开展关口互

感器现场基本误差测量。

3. 管控办法

（1）管控方式。

1）日常现场抽查，年终监督检查。

2）申领关口电能表时提供关口互感器首检报告。

（2）评价办法。

1）制定月度首检计划并报省计量中心现场检验室的不扣分，否则扣 2 分，做到月度首检计划零上报的加 0.5 分。

2）申领关口电能表的同时提供关口互感器首检报告的加 1 分，否则扣 3 分。

3）发现关口互感器未经首检投入运行的，每个关口计量点扣 3 分，扣完为止。

4）首检报告中发现不合格互感器且确认未处理合格的每台扣 0.5 分，扣完为止。

5）不按照 JJG 1021—2007《电力互感器》规定的方法开展关口互感器现场基本误差测量的，每发现一次扣 1 分。

第六章　电能计量精益化监督管控方案

第一节　计量监督管控总体思路

为落实计量精益化管控要求，提升各项管控指标，地市公司可通过“建网络、分级管、常督查”的形式从市公司到供电所建立计量监督管控网络，以强化人员力量，确保相关工作布置和信息报送上下顺畅，以切实解决计量管理短板和薄弱环节，有效提升计量监督管控水平。

从市公司到供电所构建的计量监督管控网络，分为营销部（客户服务中心）、电能计量监督管控组、市本级和县级计量监督管控业务负责人和各供电所计量监督管控业务负责人四级，整合中心业务监督管控力量，开展全业务监督核查。

为落实“放管服”工作要求，优化计量业务监督，近年开始将精简计量精益化量化评价指标。根据《浙江省电力公司计量精益化管控量化评价体系》（2019版），稽查指标已大幅减少，其余指标将由市公司代管，省公司阶段性抽查。

新增的指标项有拆回分拣准确性、拆回分拣及时性、重要事件上报覆盖率、二合一专变终端安装情况、费控业务应用情况等，修改的指标项有全量采集成功率等。同时将报表上报及时性也纳入精益化管控体系进行考核。

现场监督方面，根据省公司要求，由每季度进行一次现场监督检查改为每半年一次，由地市公司开展自查并及时上报自查报告，省公司进行抽查。上半年度自查主题为二、三级表库运行及计量资产管理，下半年度自查主题为采集系统异常闭环运维与移动作业终端管理。

第二节　计量监督管控组织机构及其工作职责

一、计量监督管控组织机构

计量监督管控组织机构由营销部（客户服务中心）组织领导，电能计量监督管控组协助实施，分级下设管控网络小组成员，具体落实管控工作。管控网络小组成员由三县公司及市区供电服务中心计量监督管控业务负责人和各供电所计量监督管控业务负责人确定，且设置AB岗，如图6-1所示。

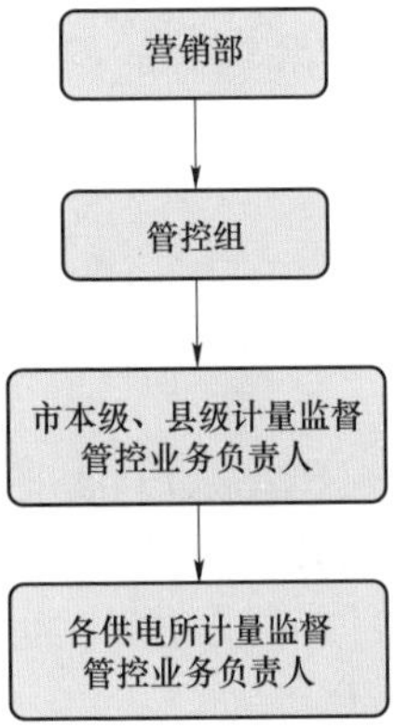

营销部
管控组
市本级、县级计量监督管控业务负责人
各供电所计量监督管控业务负责人

图6-1　计量监督管控组织机构

二、计量监督管控各机构工作职责

（一）营销部（客户服务中心）工作职责

营销部（客户服务中心）负责全面领导计量监督管控网络实施和各项管控业务开展，对接省级管控组，传达省公司工作意见和工作要求，指导管控组及管控网络成员开展日常工作，协调解决管控中出现的问题。

（二）电能计量监督管控组工作职责

电能计量监督管控组负责对接营销部下达的各项管控业务，向市本级及县公司传达落实上级各项专业管理工作要求，实施日常管控和监督检查，反馈报送相关工作信息，组织开展本地市计量监督管控问题分析和经验交流，编制计量监督管控日报、月报，配合地市公司营销部做好本地市计量指标评价考核工作。原则上管控组单线联络市县本级计量管控负责人，如若遇特殊情况，则直接联络供电所计量负责人。

（三）市本级、县级计量监督管控业务负责人工作职责

市本级、县级计量管控负责人负责落实日常指标监控，反馈管控组下发的指标情况说明、现场检查报告、工作中存在的困难等信息，做好指标申诉。并

向下级供电所传达工作要求，指导督促其开展计量管控业务，确保各环节的工作及时和准确地完成。

（四）供电所计量监督管控业务负责人工作职责

各供电所计量业务负责人负责落实具体管控工作，完成上级交代的工作要求，对指标预警积极响应，指导督促班组进行整改处理，并及时向上一级反馈完成情况和遇到的问题。

第三节　计量监督管控工作制度

一、指标日通报

根据《浙江省电力公司计量精益化管控量化评价体系（2019年版）》，管控组每周一、三、五上午查询各单位指标情况并形成通报下发，针对超期指标进行标红强调，预警指标标黄予以警示。并在通报中重点提醒临近超期的指标项，着重强调。

二、形成闭环管理机制

在原有日通报的基础上，逐步形成闭环管理机制（见图 6-2），使指标管控落到实处。

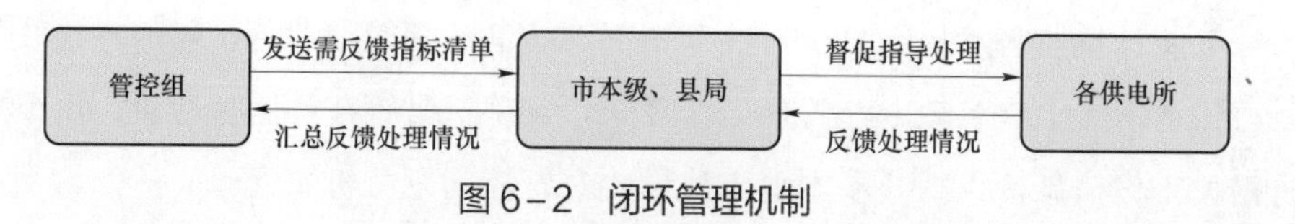

图6-2　闭环管理机制

（1）管控组于每周一、三、五发送计量精益化指标情况日通报，针对未达标且需在规定时限内处理的指标项，由管控组制定清单，明确处理期限，下发给市本级、县级计量管控负责人。

（2）市本级、县级计量管控负责人联络供电所计量负责人，并指导督促其迅速处理指标预警，层层落实。

（3）供电所计量管控负责人将整改进度和处理情况发送至市本级、县级计量负责人汇总，对于特殊原因不能在规定时限内处理的指标，反馈已整改进度、将采取的措施和预计完成时间。市本级、县级计量负责人将材料归纳整理后于每周二、四反馈给管控组。

对于未反馈或反馈内容敷衍了事的单位，管控组将在下一次日报中进行通报；对于完成情况较好的单位，上报到营销部，酌情在计量精益化管控评价中给予加分。

除此之外，针对偶发的指标预警、上级下发的核查单等，管控组通过联系单形式下发至各单位，要求定时反馈。

三、现场交叉检查制度

根据省公司和市公司年度监督计划和稽查主题，管控组每月组织一次计量业务现场交叉检查，市本级、县级计量业务负责人协同参与。同时根据每月监督检查主题，各单位应广泛开展自查，并由市本级、县级计量业务负责人撰写检查报告。检查报告内容涵盖各单位自身存在问题、原因分析、整改措施、整改计划、优秀做法，还要包括交叉检查中发现的被查单位的亮点工作，结合自身是否有借鉴经验等。

各单位自查效果不理想、走过场，检查报告质量低下、内容空洞将责令重新开展检查或退回检查报告。管控组统稿每月检查报告并上报营销部，并梳理需整改项发回市本级、县级计量业务负责人，要求在期限内整改并反馈整改情况。检查结果和整改情况都将在工作简报及工作例会上予以表扬或通报。

四、工作简报制度

由管控组定期编制工作简报（见图 6–3），市本级、县级计量业务负责人定期向下级收取稿件，内容包括各单位自行开展的计量有关工作方面的现场检查情况、召开营销会议情况、典型经验、优秀员工事迹、上级部门检查慰问、兄弟部门间交流、新员工入职体会等工作亮点，于每月 5 日之前反馈至管控组。

针对稿件报送情况，酌情在计量精益化管控评价中给予加分。管控组负责编写计量监督管控版块，内容包括省公司指标通报情况、现场检查整改情况、计量重点工作内容、试点工作开展情况等，如图 6-4 所示。

国网湖州供电公司电能计量监督管控
工作简报

[2018]第 4 期

电能计量监督管控组编制　　　　2018 年 5 月 14 日

一、月度工作概况

1、检验检测工作

（1）完成单相智能表利旧检定 240 块，走报废流程 31 块；三相智能表（开关内置）利旧检定 3916 块，走报废流程 196 块；三相智能表（开关外置）检定 251 块；0.5S 级智能电能表 40 块；0.2S 级智能电能表 0 块。

完成各类互感器检定 499 台。包括高压 TA 检定 257 台、TV 检定 158 台及无实物走流程电流互感器 6 台、电压互感器 6 台。有 72 个低压互感器走不合格流程。

108 个采集器、5 个专变、123 个公变返修合格。352 个载波采集器走不合格流程。

（2）电测仪表：校验各单位送检仪器仪表 35 块：其中检定 0.5 级表 8 块、绝缘电阻表 8 块、接地电阻表 1 块、单臂电桥 1 台；自校数字钳型万用表 6 块、数字万用表 10 块、钳型表检定装置 1 台。

（3）用户申校检定情况：共受理故障申校的智能表 78 块，经鉴定不合格 6 块，不合格率为 7.7%。其中烧表 1 块、电池欠压 1 块、电池欠压及时钟紊乱 4 块。

（4）非现场申校检定证书上传情况：4 月份在营销系统上传非

图6-3　工作简报

二、各项指标监控情况

1、检验、采集指标情况

（1）客户计费电能表申校、故障表时限承诺兑现率 100%。

（2）采集建设类主要指标

采集覆盖率（%）

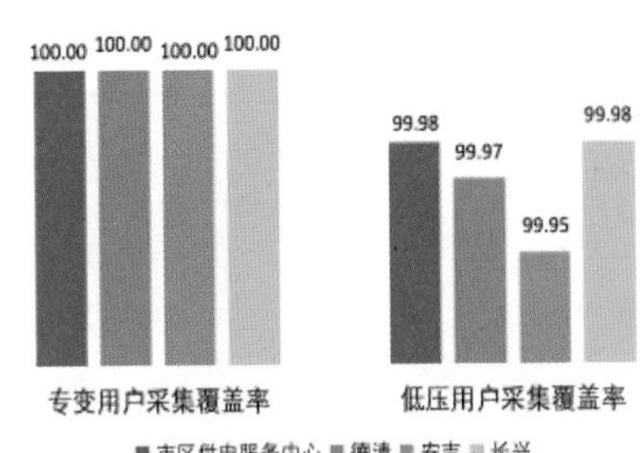

重点指标排名情况

单位	本月专变用户采集覆盖率排名	本月低压用户采集覆盖率排名
市区供电服务中心	1	1
德清	1	3
安吉	1	4
长兴	1	1

4月四家单位专变用户采集覆盖率均为100%，达到考核要求。低压用户采集覆盖率均在99.5%以上，达到考核要求。**市区供电服务中心、长兴公司**两项指标排名靠前。

图6-4　计量监督管控版块内容示例

五、加强交流沟通协作

每月在现场交叉检查当日召开计量管控网络工作例会，加强交流沟通。会上，各单位将近期重、难、亮点工作进行详细阐述，管控组通报指标完成情况、上一次现场检查整改情况，分享优秀单位的工作经验，进行现场技术指导，并将会议意见形成纪要发送至各单位。对于优秀的典型经验，在工作简报上刊登，进行宣传推广。结合省公司工作要求，不定期组织开展计量专业新业务内部培训，促进各单位业务水平协同提升。

附件1　电能计量监督管控组联系单格式

电能计量监督管控组联系单

<table>
<tr><td>联系内容</td><td></td><td>签发日期</td><td></td></tr>
<tr><td>主送单位</td><td></td><td rowspan="2">附件</td><td rowspan="2"></td></tr>
<tr><td>抄送单位</td><td></td></tr>
<tr><td colspan="4"></td></tr>
<tr><td colspan="4">答复意见：</td></tr>
</table>

审核：　　　　　　　　　　　　　　　　　联系人：

附件 2　现场监督检查主题参考

序号	检查主题	检查内容
1	二、三级表库运行与资产管理	1. 检查库房管理制度落实情况；2. 二三级表库运行情况；3. 资产全寿命管理情况；4. 拆回电能表分拣情况等；5. 计量设备资产报废处理情况
2	采集运维规范性及工单处理时限监督检查	各单位故障点处理规范性以及故障消缺时限的监察以及现场运维工作质量、运维处理工艺质量、运维处理时限控制及运维质量考核等情况；采集主站运行情况，采集运维处置闭环系统内异常信息情况，处理及时性，相关记录情况。计量、采集现场作业规范性，作业票和工作票的选择与使用规范性
3	计量箱验收管理及计量设备现场管理（设备主人制）	1. 计量箱验收、安装以及信息化系统信息规范化录入等；2. 设备主人制推广情况；3. 计量装置现场巡视开展情况；4. 现场缺陷及整改闭环情况；5. 质量监督落实情况；6. 计量装置改造项目执行情况
4	拆回电能表分拣工作开展情况现场监督检查	分拣装置（包括掌机）等硬件使用情况、场地条件符合要求；人员操作规范性；分拣后表计分类存放，返厂、返修、赔偿表计按照规范要求配送省计量中心处置；返修及时性、分拣及时性、报废处置及时性等符合时限考核要求；报废处置规范性
5	装接业务规范度检查	现场装接工作施工管理、质量和工艺情况；工作票和装接单的规范性使用；换表告知、拍照是否到位；防范错接线工作执行情况等
6	采集系统异常闭环运维与移动作业终端管理	1. 计量异常转用检情况；2. 计量异常误报情况；3. 异常处理时限偏短情况；4. 异常反馈准确性情况；5. 电能表失准更换闭环工作情况；6. 移动作业终端现场使用规范情况；7. 终端领用台账信息；8. 库存盘点情况；9. 闲置与丢失情况
7	智能表库实用化、规范性监督；SIM 卡管理规范性专项检查	SIM 卡管理是否规范性，SIM 卡与终端台账实物关系一致性、申领以及报废流程规范性、待分流情况等；闲置情况，流量超标处理及时性；表库应用情况及库房盘点运行情况；表库设置规范性、库存表计账物一致性、库存运行比、库存超期数、配送入库及时性、报废处置规范性等；设备使用规范性，配表环节规范性
8	营销业务管理平台应用情况	营销业务管理平台存量数据整改情况，针对采集系统、营销系统的异常数据，进行空值核查、数据逻辑核查等
9	互感器标准量传及现场校验管理	1. 实验室资质授权情况；2. 2018 年计量器具周期检定计划、设备维护计划、设备期间核查计划实施及记录情况；3. 现场计量检测设备、安全工器具配置情况；4. 人员管理及资质情况；5. 计量器具月度首检、周期检定/校准计划及执行情况；6. 验收资料及归档情况；7. 用户电能表状态检验计划及完成情况
10	电能计量装置质量、采集设备现场检查，低压计量箱质量监督	现场安装的电能计量装置，包括表计、互感器、采集器、表箱等现场安装质量；计量装置隐患排查及整改落实情况，是否排查整改到位；装接规范性，换表告知、拍照是否到位、装接单是否规范、现场错接线情况等，计量箱管控队伍的建设情况、定期检查工作开展以及缺陷分析处理情况
11	实验室体系建设情况监督	检查实验室是否按照法定计量检定机构考核规范的要求开展相关工作